发烧耳机

Hi-Fi耳机 评论精选

黄学明◎编著

人民邮电出版社

北京

图书在版编目（CIP）数据

发烧耳机 ：Hi-Fi耳机评论精选 / 黄学明编著. --
北京 ：人民邮电出版社，2019.10
ISBN 978-7-115-51583-4

Ⅰ．①发… Ⅱ．①黄… Ⅲ．①高保真耳机－基本知识
Ⅳ．①TN642

中国版本图书馆CIP数据核字(2019)第127527号

内 容 提 要

　　本书采用图文叙述的形式，主要介绍了市面上主流的发烧耳机系统。通过对耳机类、耳放类、随身播放器类共计32款产品的详细介绍，并对产品进行试听及点评，为读者分享最真实的使用感受。全书语言通俗、图文结合、内容丰富、点评精彩，适合耳机爱好者以及音响爱好者阅读。同时，本书也是广大爱好者购买耳机系统的选购指南。

◆ 编　　著　黄学明
　责任编辑　黄汉兵
　责任印制　周昇亮

◆ 人民邮电出版社出版发行　　北京市丰台区成寿寺路 11 号
　邮编　100164　电子邮件　315@ptpress.com.cn
　网址　http://www.ptpress.com.cn
　雅迪云印（天津）科技有限公司印刷

◆ 开本：880×1230　1/16
　印张：8　　　　　　　　　　2019 年 10 月第 1 版
　字数：150 千字　　　　　　　2019 年 10 月天津第 1 次印刷

定价：69.00 元
读者服务热线：(010)81055493　印装质量热线：(010)81055316
反盗版热线：(010)81055315
广告经营许可证：京东工商广登字 20170147 号

本书编写组

赖英智　黄学明

郭汉丞　陈国荣

陈智君　李毅麟

李鹏展　魏　珏

CONTENTS
目 录

P6

P15

P36

P51

P60

P84

P107

P112

"米饭" 最棒

HIFIMAN Edition X V2 直推
平板耳机

- 频率响应：8Hz ~ 50kHz
- 阻抗：25Ω
- 灵敏度：103dB
- 质量：399g
- 插头直径：3.5mm/6.35mm
- 耳机插头类型：3.5mm 插头为 L 形；
  6.35mm 插头为直插型
- 线缆长度：1.5m/3m

"南开米饭"是 HIFIMAN 创立者边仿的网名，粉丝们都亲切地叫他"米饭"。这位笑起来有点腼腆的"大个子"很能掌握营销的技巧，曾经在发布会上自曝其短来吸引目光，音响行业中大概只有 HIFIMAN 能把发布会办得和手机厂商一样热闹。边仿在发布会中说自己父母都是工薪阶层，创业来自他的爱好。在天津读研究生时经常去塘沽的洋货市场找国外的旧货随身听和耳塞，通过买卖旧货，边仿对日系耳机和随身听的历史了如指掌。2004 年，新潮电子杂志帮他出版了《随身听珍藏特集》一书，书中对几百个产品进行了"编年史"的点评，这应该是国内第一本耳机专书。随后边仿到美国攻读化学博士，2007 年在美国注册成立 HIFIMAN 公司，意思是 Hi-Fi 级的 Walkman，2009 年 HM801 播放器成为他的第一款产品，当年英国《镜报》就报道说这是历史上播放声音很好的便携音乐播放器。

边仿具有强烈的爱国情操，他认为中国有能力制作高端的音响器材，坚持要以民族品牌立足世界，所以 2010 年 11 月博士答辩后的第三天就回到国内。他把理科的科研方法引入耳机产品的研发，把产品作为一个体系来研究，通过科学手段优化和调整参数，从 HE6 开始到 HE1000，边仿说他们获得许多荣誉，包括 CES 编辑选择奖、CES 创新奖、日本视听名机赏（Audio Excellence Award）、落基山国际音响展最佳耳机奖、2015 年度 CNET 十大顶级耳机称号、美国《发烧天书》2015 年度最佳产品等。HIFIMAN 在国外也有众多支持者，萨克斯管演奏家 Kenny G、美国著名 NBA 明星 Tim Duncan、数字音乐商店 HDtracks 创始人 David Chesky、发烧耳机网站 Head-Fi 版主 Jude 都是其产品的忠实用户。

2015 年 12 月，HIFIMAN 发布了 Edition X 平板耳机，它的灵敏度高达 103dB，阻抗仅 25Ω，并沿用了多项 HE1000 的核心技术，例如非对称磁体技术消除了对音质极为有害的反射和散射，超薄的振膜让效率变得更高，简洁的百叶窗格栅技术大大

降低了相位失真。其相似的造型、接近的技术、便宜了近一半的价格，而且可以用手机随身播放器直推，理应受到欢迎。可是 HIFIMAN 自己售价不到 2000 元的 HE400S 与 Edition S 都有直推功能，且市场上更有一大堆便宜的耳塞供用户选择，显然 Edition X 受到了冷落。Edition X 推出时，强调其即使用手机驱动，乐器还原也能栩栩如生，带来良好的现场感，特别是低音域宽松自然充满弹跳力，而且对音乐题材的适用范围十分广泛。通过试听，Edition X 保留了平板耳机特有的轻松流畅感，低频柔美，中频温润松弛，人声有磁性，形体感饱满，距离感比较弱，高频带着甜味。严格来说，Edition X 柔美有余，但活力不足，尤其是极高频的通透感与空气感，甚至比不上良好驱动的老旗舰 HE6。

急欲追求产品的高灵敏度，不可避免地带来了一些副作用。"米饭"作为资深的玩家一定知道问题出在哪，所以边仿决定立即把 Edition X 改款为 Edition X V2。借鉴先前 HE1000 V2 的设计，优化质量仅有 399g 的 Edition X V2 的整体结构。

1. 头梁设计增加了两个调节挡位，而且调节刻度间隔更小，这意味着头梁设计能更精确地匹配用户的头形。

2. 头带结构压力分配更均匀，整机质量不变，但长时间使用产生的疲劳感降低。

3. Y 形支架升级为金属材质，提升耳机的整体强度。

4. 优化外观，取消之前表面光亮的铬黑色电镀，改用炭黑色半哑光闪粉涂层，视觉上更沉稳高档。

5. 采用全新的线材结构，半透明线管内置单晶银导线，3.5mm 欧亚德立体声弯插与纽崔克 6.3mm 插头的耳机线各一条。

6. 耳垫加以改良，采用与 HE1000 V2 相似的设计，靠近头部后耳背的位置有较明显的弧度，佩戴后感觉更贴合。

7. 耳垫外侧使用皮革材质，利用环形皮革对声音吸收起稳定作用的特性，避免了耳垫侧面对声音的泄露，使声音聚焦于人耳方向，改善音质。贴合人脸的一侧采用高透过性材料，确保声音真实通透，且令佩戴更加舒适。

对于"短命"的 Edition X，边仿很有诚意地举办免费换新活动（详情请见官网），老用户可以免费升级为 Edition X V2，要为"米饭"的诚意点赞！厂方说 Edition X V2 对前端设备更加宽容，手机、便携音频设备、台式耳机功率放大器都能很好地与之搭配。HIFIMAN 的产品不拼价格，不搞噱头，只用好器材。Edition X 有不完美的地方就改，改完了还免费让大家升级，真是好样的。目前世界上比较好的耳机除了静电类产品，几乎是平板耳机的天下。如今中间价位的 Edition X V2 无论从结构、造型还是声音表现，都是令人骄傲的产品。

Edition X V2 号称"直推耳机之王"，当然要试试它的高灵敏度表现。HM901S 携带型播放器，是目前 HIFIMAN 的旗舰播放器，内置双 ESS 9018 解码芯片，支持播放 DSD 格式音乐，使用了"运放之皇"OPA627 与 OPA2107 各两片，声音饱满宽厚，有类似胆机的温暖听感。Edition X V2 的灵敏度的确够高，HM901S 的音量开到 5 就能让耳朵嗡嗡作响，平常只需 3 的音量就能获得很平衡的声音。新版 Edition X V2 在声音的密度、

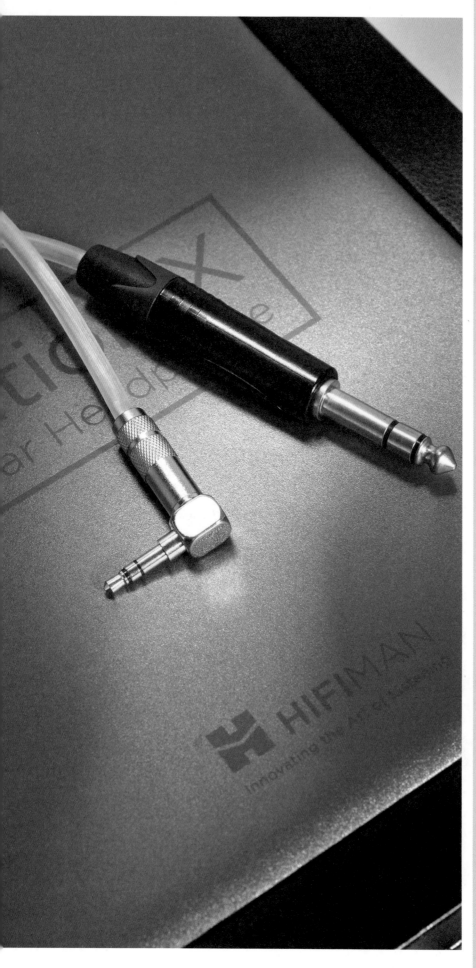

线条凝聚力、通透感、速度与冲击力、动态等方面都有进步。因此，我们听到的声音更结实有力，乐器的穿透力与形体感更佳，大编制乐团的声音勾勒得更清晰，并且在声场规模、空间感描绘、纵向深度刻画等方面都有提升。简单地说，老款 Edition X 不够通透、味道较清淡、缺少活力、质量感与密度感稍轻的问题，在新版 Edition X V2 都得到解决。这部耳机的走向变得比较现代化、年轻化，更向旗舰 HE1000 靠拢，尤其是高音的部分。

但是严格来说，用 HM901S 直推的 Edition X V2 仍未达到我的理想状态，我用国产斯巴克的 iDAC-6 解码器 +iHA-6 耳放组合搭配旗舰 HE1000 V2，能发出更具感染力的中高频，低频的结实程度也要更胜一筹。想要 Edition X V2 发挥它的最大潜力，最好还是帮它搭配一个耳放，毕竟全开放式的平板耳机毫无噪声抵抗能力。Edition X V2 究竟能好到什么程度？我尝试搭配过声韵 Auralic Taurus MK II "金牛座"、旷世 Questyle CMA800R、斯巴克 iDAC-6 解码器 +iHA-6 耳放等几个组合，最后选择了加拿大 MOON 230HAD 耳放。从价格上来说，这两件产品"门当户对"，从声音表现来说也可圈可点，MOON 较现代化的表现可以让 Edition X V2 的中高频更清澈有活力。前面说的几部耳放和 Edition X V2 搭配都绰绰有余，用斯巴克 iHA-6 耳放时模式必须设定为低电流、低增益；用 MOON 230HAD 时音量不能超过 9 点钟位置，一旦超过就发出雷鸣般声响。

MOON 曾推出一款 430HA 顶级耳放，230HAD 延续了 430HA 线路设计，应用一种独特的放大技术，不像大多数耳放的设计是放大电压，而是放大电流。MOON 称之为 Transconductance（跨导），230HRD 最大输出功率高达 1W，理论上不管是什么耳机都能轻易驱动。

230HAD 也采用 ESS 的 9018 解码芯片，风格却与 HIFIMAN 的 HM901S 携带型播放器迥异，听起来非常开阔快速，当然也支持 DSD 和 PCM 32bit/382kHz 的高清音乐文件。这时 Edition X V2 华丽大转身，从 HM901S 身上听到的温暖敦厚、柔美浓郁变为开阔、线条深刻、音色通透，而且低频跃动感活泼。Edition X V2 终于有了 Hi-End 的贵气，在某些方面直追旗舰 HE1000，只是高频的细腻甜美质感，还有中频的松弛度略有不及。

有了好的耳放，Edition X V2 如虎添翼，原本不太擅长的大编制管弦乐也有了脱胎换骨的表现。美国 Telarc 的录音一向比较饱满丰厚，分析力不足就容易造成拥挤，现在 Edition X V2 不但中频细腻清晰，由于结像相对靠前，整个前后的层次感与纵深距离也都能表现出来。高、中、低频的分布平衡度比旧款产品明显

精进，高频延伸细节还原出色，乐器有光泽有甜味但又不明亮晃眼。经过二百多个小时的"热身"，Edition X V2 稍显拘谨的听感逐渐放松，低频弹性与能量控制良好，声场的空间也开始撑开。播放 Neumann 人工头录音的《中国心终极版》，Edition X V2 表现的小提琴声音纤细精致、琴腔共鸣丰富诱人，不像某些动圈耳机有种拉钢弦的刺激感，结像与定位感都有不俗表现。旧款 Edition X 的声场描绘不够立体开扬，这张人工头录音唱片却给新款耳机带来惊喜，钢琴的尺寸大小明确，小提琴的形体逼真，录音室的画面浮现在眼前，仿佛能触及演奏者。播放 UHQCD 版的 1985 年邓丽君东京演唱会双碟录音，Edition X V2 表现出的邓丽君吐气如凝，音色丰富、娇柔、魅力十足。

Edition X V2 还有什么可进步的地方？稍微向"米饭"讲一下：首先要设法再提升耳机的性价比，好东西

要让更多人一起分享；其次建议改个包装盒，年轻人大多喜欢高颜值的产品。竞争对手 Audeze LCD-4 坚固的航空包就不错，也便于携带出门。Edition X V2 既然号称是"直推耳机之王"，带它出去的机会还是有的，总不能带个笨重的大盒子到处跑吧！

《中国心终极版》

这是一张以人工头话筒收音的唱片，里面的曲目由小提琴家宁锋与钢琴家姚岚联手演奏，包括马思聪创作于抗战初年的《思乡曲》、以湖南"地花鼓"为素材创作的小提琴曲《夏夜》、民族音乐中广为人知的作品《渔舟唱晚》、取材于河北民歌的《新春乐》、改编自蒙古族长调的《牧歌》等。唱片的最大卖点是以 Neumann KU100 人头麦克风收音，这是解决耳机头中效应短板的最佳方案，但此类唱片并不多。达人艺典制作发行的人工头话筒拾音专辑是真正意义上的国内唯一一张完整人工头录音唱片，用它可以很好地测试耳机产品。专辑内容是录音师刘达在此前发行的《宁峰·中国心》唱片的基础上，去除掉其他录音话筒，只保留人工头话筒，重新缩混以适合耳机聆听。人工头录音让小提琴家的技巧和音色得到了淋漓尽致的展现，有非常真实的形体感，有非常清晰的指尖微妙细节，有非常明确的小提琴与钢琴距离和形体关系，有余韵悠长的漂亮音色。耳机系统的揭示力成为唯一的瓶颈。

DR
人工头话筒拾音专辑
当代经典小提琴作品集 中国心终极版
DUMMY HEAD RECORDING
COLLECTION OF THE CONTEMPORARY VIOLIN WORKS - CHINA HEART
耳机专用
EXCLUSIVELY FOR HEADPHONES

演绎毫不妥协的入耳标准
DENON 天 龙 AH-C820 旗舰入耳耳机

本 DENON 近来在耳机市场持续发力，继前两年由美国研发团队负责开发的 AH-D7100 大获成功后，新一代由欧洲研发团队研发的产品正陆续在全球上市，其中包括本文为大家推介的 AH-C820 旗舰入耳耳机，以及旗舰

AH-D7200。

这家创立于 1910 年的百年品牌，其实很早就涉足了耳机产品，但由于当时的用户需求并不强烈，产品仅在广播、监听等专业领域流通，消费市场远没有现在这么普及。但持续的技术研发投入令 DENON 掌握着耳机设

计的关键性技术。在今天，很多积累的技术理念得以革新，加上新科技、新材料的应用，令耳机的声音表现达到前所未有的新高度，显然旗舰入耳耳机 AH-C820 就是其中的代表作之一。在聆听 AH-C820 之前，我们无法想象一副小小的入耳耳机如何融合

DENON 逾 50 年在声学领域丰富的技术。当把耳机轻轻塞进耳朵，音乐响起的瞬间，我才缓过神来，这不就是天龙一直所坚持的声音风格吗？中高频直率、清劲，低频深沉扎实、饱满有力，整体素质之均衡，完全可以相媲美很多 Hi-End 音响大厂出品的更高价的产品。DENON 是如何做到的呢？

官方的技术介绍文件里是这样叙述的：利用半个多世纪 DENON 耳机设计的经验，AH-C820 采用强大的双驱动单元技术，将舒适感和毫不妥协的声音体验结合起来。新入耳式型号耳机采用先进的 DENON 技术，在小型轻便耳机中有好的性能。顶级型号 AH-C820 采用了 DENON 独特的 Double Air Compression Driver（双空气压缩单元）技术，具有强大的低音表现和清晰度。它使用两个 11.5mm 驱动单元，一前一后，能驱动更多空气，从而提供强大的、低失真的低音，还使用从插头至各驱动器的分离电线，以获得终极信号的高纯净度，这也是 DENON 在全球首先采用的另一项技术。驱动器安装在压铸铝和树脂拼接的外壳中，以兼具刚性和减震性能；同时外壳前后有两个 DENON 声学优化的端口，以帮助均衡驱动器前后的气压。所有这些都使声音更具动感而无失真。

接线方面也体现 DENON 的独到之处，发烧友们常抱怨他们在走动时因缆线摩擦身体而产生噪声。DENON 特别设计的径向串联阻尼器，能减少缆线传递的振动噪声。这种设计经过我两个星期的差旅使用体验，效果的确显著。此外，AH-C820 附带 Comply TX500 入耳记忆泡沫，它的外壳形状与人体工程学相结合以提供牢靠的贴合效果，获得纯净声音的同时最大限度地隔离外部噪声。入耳部分除使用通过用户耳朵热量激活的记忆泡沫，还使用集成蜡保护罩以保持耳机内部清洁；同时提供

四种尺寸的硅脂头，以及便携盒和电缆夹，满足玩家不同使用场景需求。

AH-C820 还支持天龙音频应用程序优化声音，玩家可以使用 iOS 和 Android 专用 DENON Audio 应用程序优化声音并根据个人偏好调音。此应用程序不仅优化了便携式设备的声音，还提供改进的播放器界面以显示播放列表，并允许玩家通过 TuneIn 互联网收音机平台访问多个电台。

通过 HIFIMAN HM802S 和山灵 M1 两款播放器，甚至小米 note 分别搭配试听，我发现这几款机器都能很好地驱动 AH-C820，而且不同播放器的音色区别都能体现出来。AH-C820 最吸引我的地方是低频充沛的能量感和深沉感，令音乐听起来相当饱满厚实。但这种低频并非是为了满足摇滚的力度而刻意提升中低音能量，而是低音与超低音的能量都是线性式的饱满，因此这样的耳机非常适合聆听古典音乐，且在以往其他品牌的入耳耳机中还从来没有这样的体验。优秀的低频能量充沛却不臃肿拖

沓，能令中频也跟着醇厚起来，因而不光管弦乐团的鼓声更有劲了，大提琴声也更完整了，钢琴更有权威感了，甚至流行音乐的人声演唱都更厚润有质感了。入耳机能听到这样的效果，会让人误以为试听的是大口径驱动单元的挂耳耳机呢。

AH-C820 另一个声音特性是全频的分析力也足够高，无论低频、中频还是高频，声音都是清晰通透的，细节不过分强调且不朦胧，而且在饱满的音质下，声音的细节构建出丰富的脉络，声音的结像力和形态感非常清晰细腻。老实讲，AH-C820 音场无法达到森海塞尔 HD800 或者 HIFIMAN HE1000V2 那种密不透风的状态，但头中效应并不明显。AH-C820 中高频音色略为冷一点，未能像低频、中频一样保持温暖柔和的效果，或许是新耳机未煲透的缘故吧，又或许换上 AK380 这样的播放器能够脱胎换骨呢？有机会再和大家分享不同的体会。

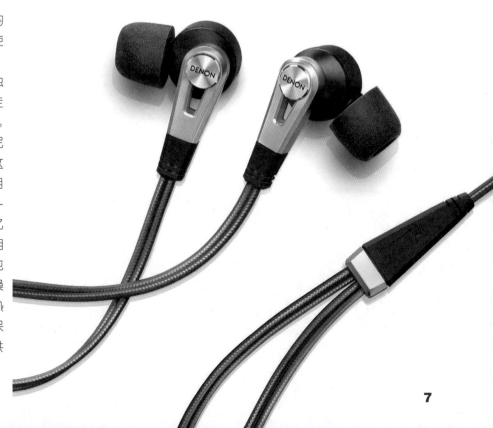

尊贵的动圈式耳机

FOCAL Utopia 耳机

- 类型：动态开放式耳罩耳机
- 单元：40mm 铍振膜 M 形半球单元
- 频率响应：5Hz~50kHz
- 阻抗：80Ω
- 灵敏度：104dB
- 总谐波失真：<0.2 %、1kHz/100dB SPL
- 质量：490g
- 耳机线长：4m
- 端子：6.35mm

FOCAL 在 Utopia 旗舰系列扬声器应用铍振膜（Beryllium）多年，也成为扛鼎招牌之一。几年前，FOCAL 开始推出耳机产品时，大家就在猜离旗舰 Utopia 耳机的推出不远了，没想到这一等竟然等了超过五年的时间，一直到 2016 年旗舰耳机才正式登场。

作为旗舰耳机，Utopia 的身价不凡，在官网上的参考售价是 4000 美元。以旗舰等级的动圈式耳机来说，Senheisser HD 800S、Pioneer SE-Master1、Sony 推出的 MDR-Z1R，都远远不及 Utopia，它可以说是目前昂贵的动圈式耳机之一了！我想 FOCAL 刻意把 Utopia 的价格拉开，不仅是要凸显 Utopia 尊贵的地位，同时也代表 Utopia 与这些品牌的旗舰耳机并不是在同一价格内拼市场。

第一款铍振膜耳机量产

以动圈式耳机发展的技术里程碑来说，Utopia 可以说是第一款量产型的铍振膜全音域单元耳机，之前曾经有日本厂商少量制作，限量发行，后来也没有继续制作，可见生产的技术有其瓶颈，难以量产。FOCAL 早在 Utopia 家用音响上面应用铍振膜多年，累积了纯熟的生产技术，但是据说整个耳机的研发过程也耗费了超过四年的时间。

铍振膜厉害在哪里？动圈式单元

的振膜材料选择要求质量轻、刚性高，同时必须具备高内损，而铍振膜同时具备这三项要素。我们接下来细说分明。质量轻，才能够应对振膜快速的活塞运动，产生宽阔的频率响应。以人耳聆听范围 20Hz~20kHz 来说，耳机单元振膜在 1s 的时间内运动 20 次，产生 20Hz 频率；运动 20000 次，产生 20kHz 频率，振膜质量不够轻，怎么可能振动得那么快？那用上铍振膜的 Utopia 频宽有多厉害？5Hz~50kHz，代表每秒最快可以前后振动 50000 次。在要求频率响应开阔的同时，耳机单元振膜还必须拥有高刚性，这样才不会在活塞运动发声之时，因为压力而造成盆分裂失真。高内损，字面上看起来不容易理解，实际上高内损的意思是材料本身没有自己的声音。譬如我们敲打玻璃、金属或木头，发出的声音越响亮，代表材料的内损越低，越容易听出材料本身的声音。可是铍金属的内损很高，所以听不出铍自己的声音。FOCAL 原厂曾经用铝合金、铝镁合金与铍金属，做成三支音叉，比较三支音叉敲打后声音消失得快慢，铝合金声音延续最长，铝镁合金声音消失得快一些，而铍金属音叉声音几乎是一下子就没声音，证明其内损很高，所以几乎没有

振膜材料本身的音染。

处处是玄机的独门技术

如果单纯只用铍振膜，其实FOCAL应该早就能做Utopia耳机，可是研发却花了四年多，其实学问还不只有铍振膜，整个耳机单元根本是全新设计。Utopia的单元使用所谓的M形半球，可以看到半球的周围多了一圈反折，用来与悬边紧密结合，这是FOCAL独家的设计，以前也没看过别人这么做。悬边的材料也有所创

合。可是Utopia的音圈却舍弃了套筒，这也是FOCAL创新的独门技术，可以进一步减轻音圈的质量，所以，Utopia可以使用大口径音圈。

比起一般动圈式耳机音圈仅有的口径15mm、长度约1.5mm，Utopia使用了25mm口径的大音圈，音圈长度则有4.4mm。大口径音圈有什么好处？可以增加音圈与振膜接触的面积，把振膜的活塞运动抓得更紧，而音圈长度搭配磁力引擎，还可以提高磁力线性工作。所以，铍振

新，使用前所未有的超薄材料，厚度只有80μm，超级轻量级的悬边，才能应对高频延伸到50kHz的高速振动。

此外，Utopia的音圈也很特别，看起来没什么不同，但却没有音圈套筒。一般绕制音圈的时候，必须使用音圈套筒，方便音圈绕在上面，然后高温定形，让音圈与音圈套筒紧密贴

膜只说明了Utopia材料应用的进步，实际上整个Utopia耳机单元处处是玄机啊！最后，我们用数据比较一下铍振膜与铝镁振膜的差异，刚好可以用同厂的Elear耳机与Utopia来比较。从质量上来说，Utopia的铍振膜质量为135mg，而Elear的铝镁合金振膜为150mg，铍振膜轻了15mg，

而根据 FOCAL 原厂的数据，铍振膜的刚性比钛金属要高出 35 倍。这些数据都在说明铍振膜的优异特性，比铝合金、钛合金或铝镁合金都要好得多。

从包装到耳机都精致

比起解释 Utopia 耳机设计的合理性，试听 Utopia 的过程就是一种享受了。昂贵的 Utopia，从包装就展现了原厂的诚意，黑色皮质的精致外盒，周围缝上大红色车缝线，红

与黑的组合，颇有 Mercedes Benz AMG 的跑格设定，盒内还有柔软的保护泡绵，这不光是一个耳机包装，其实平常拿来当耳机的保护收纳也相当实用。盒子里面的配件很简单，仅一条配备了 9.5mm Lemo 端子与 6.35mm 耳机端子的专属耳机线，长度为 4m。

Utopia 耳机质量为 490g，拿在手上有些份量，但是佩戴起来却不觉得太重，FOCAL 头带使用了小羊皮，外加小羊皮复合材料的耳罩垫，小羊皮的质地柔软，接触皮肤时的质感很好，我常说耳机好不好听是一回事，佩戴的舒适性试过才知道。假如有机会试听 Utopia，先别急着听，戴上 Utopia 摇头晃脑一下，感受 Utopia 柔顺服帖的佩戴感。由于 Utopia 采用开放式设计，要想发挥它的好声特质，环境背景噪声要低，不然很容易误解它。

印象深刻的开阔声音

接下来就是"以身试毒"的过程。刚一戴上去，听李宗盛的《山

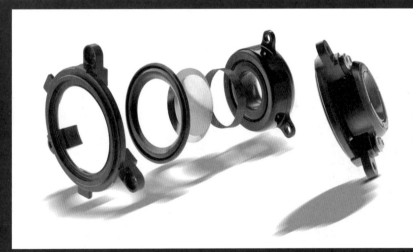

丘》，声音的开阔度让我吓了一跳。中高频的延伸轻松又自然，吉他声响清脆又有弹性，李宗盛的嗓音显得历尽沧桑。听到这里，心里暗自叫糟，我的 Pioneer SE-Master1 恐怕要输了！SE-Master1 的声音开阔度确实比不上 Utopia，但其声音质地较为软嫩，低频量感稍多，而 Utopia 在中高频段的延伸则更为漂亮，低频力道更快、更准、更有劲道。这

下惨了，我去年才忍不住买了 SE-Master1，没想到今年先是遇到森海塞尔 HD800S，现在又遇到 Utopia，真是青出于蓝胜于蓝！

不比了，让我专心试听 Utopia。开放式设计的 Utopia，有着一听就懂的开阔感，虽然开放式的耳罩一点隔音效果都没有，但是也让耳机免除了单元背波的干扰。当我听 Tom Waits 的《The Heart of Saturday Night》时，吉他慵懒的拨弦声，背景发动汽车的声响，轻按喇叭，加速远去，在 Utopia 上面听得层次鲜明。Tom Waits 迷雾般沙哑的嗓音，在 Utopia 上更显慵懒。

铍振膜使 Utopia 的高频延伸可达 50kHz，并且表现得自然有活生感，具有丰富的细节表现力。听林品任演奏的《布拉姆斯小提琴奏鸣曲》，本来在音响上已经听得很享受，用 Utopia 来听指尖的变化更为清晰，小提琴的声音细节更多，可以感觉到小提琴演奏者在专注地控制着每一个音符的音色。在音响上听，演奏者的呼吸声响较浅，可是在 Utopia 耳机上听，呼吸声自然地随乐句的变化起伏，进一步拉近了聆听者与演奏者之间的

距离。

　　Utopia 的阻抗标示为 80Ω，灵敏度为 104dB，为 Utopia 搭配独立耳放是必需的。我搭配了 MOON 230HAD 与 Marvalve Model One "神灯" 耳放，230HAD 听起来清甜、干净、明快，而 "神灯" 则是润泽饱满，鲜甜活生，更添 Utopia 感性的风貌。两款耳放，尽管一部是晶体，一部是真空管，都能推出 Utopia 的风彩，但是韵味不同。230HAD 偏理性，更重细节，而 "神灯" 则在理性之外多了分感性，质地更美，所以我最后两者混搭，用 230HAD 的 DAC，输出给 "神灯"。

难能可贵的空间感

　　空间感大概是耳机最难营造的，但是 Utopia 却能表现得很好，在此之前，我听过空间感表现最好的耳机要算 HD 800S 了，而 Utopia 与 HD 800S 在音场上表现出的开阔程度可以相提并论，并且肯定地说，Utopia 的空间感比 SE Master-1 要好。拿 Bill Evans 的《Waltz for Debby》为例，小酒馆录音的气氛，在 Utopia 的营造下层次感很好。钢琴轻柔的触键声，引来爵士鼓刷轻盈的回应，Utopia 丰富的细节，让鼓刷细微的金属敲打声变化繁多，细细碎碎不绝于耳，低音贝斯浓郁的拨奏，厚实中透着弹性。以低频来说，Utopia 并不是强调量感的类型，而是在于低频的均衡、结实，即便是低频较

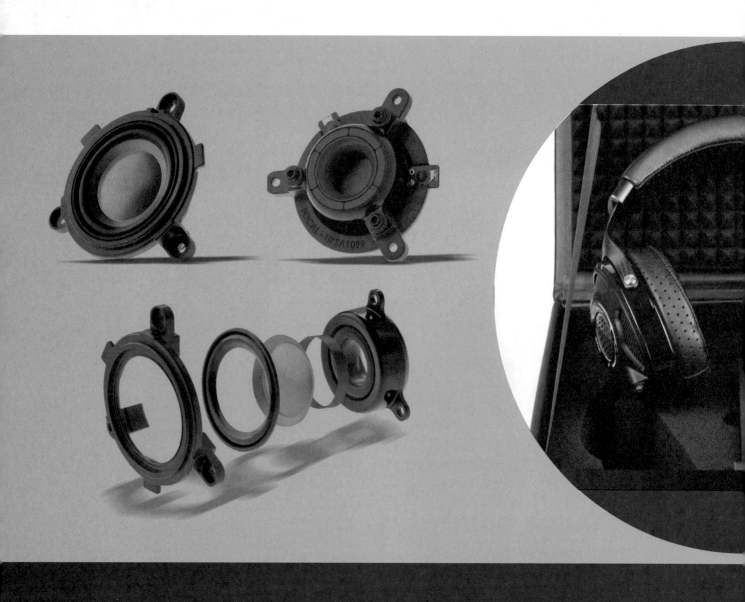

多的录音，也能维持漂亮的线条。

我还想以《霍洛维兹在莫斯科》为例，这张唱片的空间感是典范之一。通过 Utopia，钢琴在宽阔的空间轻盈地散发着芬芳的音乐颗粒。听莫扎特奏鸣曲，钢琴颗粒轻盈而美妙，泛起清亮的光泽，跃动的音符带出童趣般的活泼感，霍洛维兹的弹奏速度自由而洗练，圆滑的钢琴声与跃动的音符形成愉快的乐感。还有舒曼的《梦幻曲》，霍洛维兹如歌唱一般带出顺滑的线条，把一个个钢琴音符顺畅地连在一起。Utopia 呈现出圆润、流畅又富有光泽的乐音，让人听得迷醉。一

曲演罢，满场掌声雷动，Utopia 又把莫斯科音乐学院演奏厅的空间感表现得一览无遗。

拥有耳机最难表现的音乐层次

前面讲的都是室内乐，可是 Utopia 表现庞大的交响乐，一样层次分明，细节丰富。以列汶指挥费城交响乐团的马勒《第九交响曲》为例，第四乐章从弦乐群强奏开始，Utopia 展现出强大的音乐张力，你还可以听见列汶在强奏转折间的呼吸声，仿佛在为弦乐群大跳的音程加一把劲。在惊心动魄的强奏之后，弦乐群忽然圆

滑地进入柔和的旋律，层层叠叠的小提琴、中提琴、大提琴声部交叠浮现，绵延不绝。Utopia 轻松呈现出弦乐群又绵又密的质地，同时把内蕴的音乐张力表现得很好，聆听的情绪随音符高涨。

均衡、绵密，音乐应有的光泽，以及宽阔丰富的音乐层次，是 Utopia 声音迷人的魅力所在。铍振膜耳机确实不同凡响，大口径的这款铍振膜，低频段沉稳厚实，而中高频段延伸展现出的音乐光泽亮丽又自然。

潮流"神器"

MrSpeakers ETHER Flow 耳机

● 耳机类型：开放式
● 单元：6.9cm ×4.5cm 平面振膜（专利 V-Planar 单元技术）
● 灵敏度：96dB/mW
● 阻抗：23Ω
● 质量：约370g
● 耳机线：可选择 4-pin 接口标准耳机线或 DUM 升级线，均提供 3.5mm、6.3mm、2.5mm 平衡、4-pin XLR 平衡传输插头

潮 流一族喜欢戴个大耳机上街，既满足个人听音乐享受又能当作酷炫的装饰品。当红的潮流耳机首推 Beats，它曾经由 Monster Cable 生产，并花巨资请著名音乐人 Dr. Dre、Justin Bieber、Bono 以及 Lady Gaga 做广告，很短时间就窜红。异军突起的 Beats 耳机展开了耳机时代的新纪元，其销量不低于 AKG、森海塞尔等"老大哥"，笔者认为 Beats 完全不适合拿来听音乐。真正要听点好声音，建议还是用森海塞尔、SONY、AKG、铁三角这些传统品牌，或者直接选择美国 MrSpeakers 的 ETHER Flow（开放式）、ETHER C Flow（密闭式）耳机，无论造型还是声音都可以让你惊喜。

　　MrSpeakers 这家年轻的公司由一群美国发烧友组成，成员包含了 DJ 和音乐工作者，他们凭借对音乐的热爱，以 Fostex T50RP 耳机为基础，手工改造出 Alpha Dog 与 Mad Dog 两款耳机（"阿尔法狗"与"疯狗"）。"狗"系列在许多基于 T50RP 改造的产品中脱颖而出成为中端耳机中的佼佼者，其中 Alpha Dog 更是全球首款使用 3D 打印技术的耳机产品，鲜红的耳罩让人看了热血沸腾。所谓"改造"是在 Fostex T50RP 的腔体添加吸音材料、修改腔体结构，或者更换耳罩，最终使声音效果有着很大的变化。不过真正使 MrSpeakers 声名大噪的，却是 ETHER 及 ETHER C（C 代表 Carbon 和 Closed）两款耳机。它们是首次采用自家专利的 V-Planar 平板振膜，一下跃入了主流耳机市场。ETHER 的中文直译是麻醉剂乙醚，当然不是说听了这款耳机就能麻醉神经，其命名其实来自古希腊的一个哲学理论，意思是音乐中每个音符间隙都充满神秘又深邃的宁静。MrSpeakers 耳机能表现出独特的空气感。

　　笔者没有听过第一代的 ETHER 及 ETHER C，国外报道颇有意见，认为它们的平衡度有问题，主要是缺乏有量感的低频和过于明亮的高频，整体声底偏薄，同时也缺乏形体感。由于 MrSpeakers 不如平板耳机 Audeze 与 HIFIMAN 那么有名，它使用的 V-Planar 平板振膜也不像 Audeze 的 Lotus 振膜，或者 HIFIMAN 的纳米振膜那么为人熟知，因此会出现诸如功放匹配、煲机时间等影响声音的问题。不过 MrSpeakers ETHER 还是带来很多好感，它的声音并不像平板，也不太像动圈，总之听起来感觉很神奇。

　　2016 年 10 月，MrSpeakers 推出改良版的 ETHER Flow 与 ETHER C Flow，中国香港代理

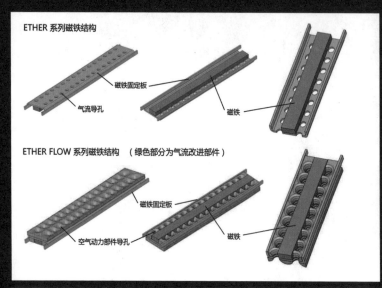

ETHER 系列磁铁结构

磁铁固定板
气流导孔
磁铁

ETHER FLOW 系列磁铁结构 （绿色部分为气流改进部件）

磁铁固定板
空气动力部件导孔
磁铁

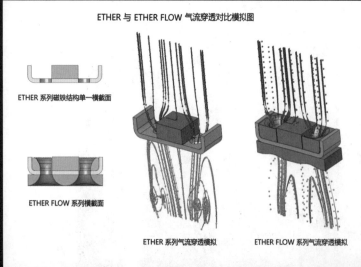

ETHER 与 ETHER FLOW 气流穿透对比模拟图

ETHER 系列磁铁结构单一横截面

ETHER FLOW 系列横截面

ETHER 系列气流穿透模拟　　ETHER FLOW 系列气流穿透模拟

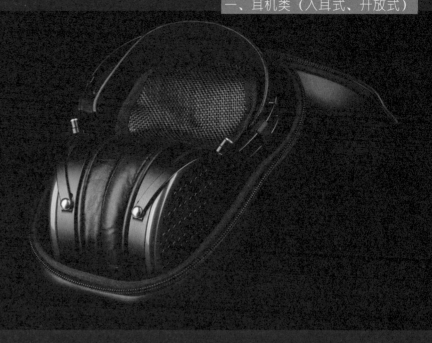

商提出升级计划，为旧款耳机更换单元、耳垫与耳罩，虽然升级费用不低（还要负担到美国的邮费），但这种售后服务仍然值得点赞。新的改良版重点加强了耳机内的空气流动，丰富音乐细节，采用流体力学技术，减少驱动单元发声时在框体内反射造成的分析力劣化。由于平板耳机的振膜都是平整的一个平面，振膜的一面或双面需要安装磁路结构，磁铁的固定板能做到很轻、稳固、高效，但是仍然无法避免声波在穿过磁路结构时的衍射现象，造成一定的失真。流体力学技术是在每颗磁铁的固定板上镶嵌特殊形状的垫片，让振膜附近穿过磁路的气流更加平稳，有效降低声波衍射现象减少失真，并且极大地提高耳机的动态与瞬态，接近静电耳机的细节表现。

MrSpeakers 非常注重舒适度，ETHER Flow 与 ETHER C Flow 率先应用镍钛诺记忆金属制作头带，两条细细的金属却能承受很大的质量而不变形。镍钛诺记忆金属是 1958 年在美国海军实验室发明的，当时因为熔化和加工难度过大，所以直到 20 世纪 90 年代才开始商业化。记忆合金多用于医学范畴，有着轻巧、坚韧、耐用的特质，ETHER Flow 与 ETHER C Flow 质量分别为 375g 及 394g，比竞争对手 HIFIMAN HE1000 和 Audeze LCD4 平板耳机都更轻盈，直推平板耳机的 HIFIMAN Edition X 质量仍有 399g，可以想象 MrSpeakers 的"蝇量级"体验。同时 MrSpeakers 精确地调整了头带的压力及耳机质量分布，配合意大利皮革内头带及羊皮耳垫，轻松感在所有平板耳机中居冠。由于金属弹性优异，就算佩戴眼镜使用 ETHER Flow 都不觉紧迫压力，在所有大型耳机中，MrSpeakers 的轻量佩戴感几乎可以拿满分。

开放式设计的 ETHER Flow 框体由黑色的铝合金制成，配上珠光蓝色圆框，拥有鲜明夺目的视觉效果，在耳罩内装有以 3D 打印技术制成的部件做出设计师心目中理想的箱体形状，为 ETHER 调出饱满有力的特质，是听爵士乐、古典音乐的好工具。密闭式设计的 ETHER C Flow 同样拥有以 3D 打印技术制成的碳纤维耳罩，保持轻便的同时又能提供出色的隔音效果，格网状的碳纤维花纹绝对高大上。由于密闭式与开放式结构上的区别，设计师在 ETHER C Flow 上应用了另一种调音技术，声音比较明亮清爽，特别适合听流行音乐。

Flow 系列搭载的 V-Planar 驱动单元口径达 18mm x 43mm，这才是 ETHER 系列耳机的核心技术。其他的平板耳机振膜多在材料、厚度上做文章，而 MrSpeakers 却把脑筋动到振膜的形状上，V-Planar 是把极薄的振膜像手风琴般折叠起来，表面看上去像 V 字凹槽。我们知道所有发声单元在前后运动时都会产生非线性失真，也就是声音重播时出现了输入信号中没有的频率成分，除了单元的结构、材料、工艺等原因造成失真，在密闭空间中压缩空气产生的阻尼都是失真的来源。平板振膜的失真已经远远优于传统锥盆单元，但仍然会出现非线性失真，而 V-Planar 让振膜本身可以自由伸缩，工作时有更多的运动面呈现线性运动，这样的结构能极大地改善耳机频响、动态及失真。MrSpeakers 的其他耳机利用了 FOSTEX 专利的 RP Technology 技术，目的同样是降低非线性失真，只不过在 ETHER Flow 与 ETHER C Flow 两款耳机中，控制失真的效果终于达到极致。

潮流耳机的首要条件是容易推动，MrSpeakers 的 96dB 灵敏度虽高，仍不及 HIFIMAN Edition X 的 103dB/25Ω，所以不建议用手机直推，最好加上一部小耳放，或者搭配 A&K、Questyle 、SONY、HIFIMAN 等随身数播。在众多便携解码耳放中，笔者推荐英国和弦 Chord Hugo 二代与 Mojo、韩国 Aurender FLOW、Sony PHA-3、山灵 H3A 蓝牙无线便携耳放、日本古河 FURUTECH ADL Cruise 等产品，前端音源的素质得到保证，才能真正发挥 MrSpeakers 耳机的优势。上述所有产品都能很好地推 ETHER Flow，甚至国产景丰 JF Digital 的 S-1 桌上型解码耳放一体机，但音量只能开到 9（最大 20），再大耳朵就受不了。如果喜欢流行歌曲、爵士音乐，用 SONY、和弦 Chorrd 搭配都不错，ETHER Flow 耳机的三频分布以低频优先，这种组合可以带来更轻快爽朗的效果。如果听古典音乐多一些，温暖宽厚的 HIFIMAN、Questyle 都不错，不过在街头熙攘的人群中，估计听流行音乐的机会多一些。

潮流耳机的第二个条件是隔音，虽然 HIFIMAN 也推出一个 Edition S 的开放/密闭两用耳机，但那是普及型产品，素质上无法与竞争对手的旗舰耳机相比。所以目前三大平板耳机阵营中，只有 MrSpeakers 的 ETHER C Flow 真正适合上街。有着碳纤维外壳的 ETHER C Flow 结构与 ETHER Flow 完全相同，戴起来并不会有闷热的感觉，隔音效果还算可以。笔者用加拿大惊雷 MOON 230 解码耳放进行试听，两只耳机的差距并没有想象中的天壤之别，欣赏古典音乐时可以说风格非常接近。开放式的 ETHER Flow 无疑更适合在家中使用，它的整体平衡感更佳，三频分布更匀称，低频下潜和中频密度也比密闭式的 ETHER C Flow 更胜一筹。ETHER C Flow 有更凝聚的线条感，更好的通透度，音色比较明亮轻快，冲击力更强一些。两款产品价格差不多，选择时主要看口味与用途。

改良版的 ETHER C Flow 与 ETHER Flow 已经没有旧版的头重脚轻问题，三频平衡度趋向合理的金字塔形，中频也不会特别凹陷来营造距离感。高频一直都是 MrSpeakers 吸引人之处，在平滑顺畅之余还有类似 FOCAL 铍金属单元的穿透力，可能是气流量大的关系，高频延伸非常轻松自然，音质细致有光泽，三角铁、铙钹、钟铃等乐器的清脆叮当声格外迷人。实际上，ETHER Flow 的低频量感还算丰富，播放大提琴时弹跳力也不错，但密度与线条仍有提升空间，这可以通过线材升级来完成。密闭式的 ETHER C Flow 低频略少，而高频比开放式更具穿透力。尽管耳垫已有倾角设计，MrSpeakers 带来宽阔的横向音场仍然有惊喜，很多时候声音会往左右扩展开，中间的结像倒没有

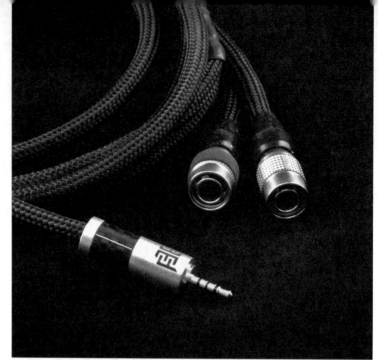

潮流耳机最后一个要素是颜值要高。无论是 ETHER Flow 的蓝色圆框，还是 ETHER C Flow 的碳纤维外壳都能吸引百分之百的回头率，足以把 Beats 比下去。原厂附赠了定制的耳机包，做工相当不错，造型见仁见智，但均属于高颜值的类型。谁说发烧友的器材都无法带出门，有了 MrSpeakers，我们可以出去"疯"一把了！

太大影响。尤其听古典音乐时，小提琴组在左边群放，铜管组在右后方鸣响，让整个音场变得辽阔，非常有特色。由于容易驱动，MrSpeakers 耳机的细节与分析力相当出彩，不过笔者发现随着音量下降细节也跟着减少，中等音量以上才能让 ETHER Flow 鲜活满分。

我的 "女王"
HIFIMAN 山新限定版 Edition S
动漫音乐耳机

HIFIMAN 如同其名，是一个为了 Hi-Fi 极致和多元化而不断创新、不断进步的厂家，而且能将音乐融入生活和文化等各种领域，就在最近也进入动漫圈，走进了声优的世界。下面让我们来看看 HIFIMAN 最新的动作吧。

Edition S 山新限定版动漫音乐耳机

近日，高端音频品牌 HIFIMAN 与国内著名新生代声优山新联合，推出了 Edition S 山新限定版动漫音乐耳机。Edition S 被美国《福布斯》杂志评价为发烧友的宠儿，外观由美国波士顿团队设计。这款耳机不仅延续了 HIFIMAN 产品的优异音质，最重要的是，耳机进行了特别调音，使之更符合 ACG 爱好者的口味，还将声优山新的二次元形象与耳机完美融合，可以说是颜值、音质两全其美。

值得一提的是，Edition S 山新限定版动漫音乐耳机带有两套耳机背板：一套以山新二次元形象为主要设计；另一套则采用简洁、清爽的白色设计。两套背板可随心更换、组合搭配。耳机仅重 248g，可便捷地从密闭式耳机变成开放式耳机，分别适合在室内和户外环境使用，并可折叠。由 HIFIMAN 团队独门设计的表面附有纳米涂层、50mm 的大直径高保真动圈扬声器，延续了 HIFIMAN 顶

级平板振膜耳机 HE1000 的优良血统。耳机灵敏度较高，可搭配任何随身播放器或手机使用，且配有兼容 iOS 和 Android 系统的线控，可进行语音通话。

ACG 科普

什么是 ACG 呢？ACG，为英文 Animation、Comic、Game 的缩写，是动画、漫画、游戏（通常为电玩游戏）的总称。动画和漫画产业本来就密不可分，同时随着电玩产业的快速崛起，在日本此三项产业已紧密结合，许多作品企划都是跨三项平台以期达到最大收益。

ACG 音乐大多源自于动画和游戏的配乐和主题曲，在我的记忆里最早接触的动画应该是《叮当》《美少女战士》《咕噜咕噜魔法阵》《百变小樱魔术卡》《怪盗圣女士》《新世纪福音战士》等。让我感受最深刻的莫过于宫崎骏的系列动画，都是影响着一代人的佳作。在 ACG 音乐里面，我听得最多的就是动画的原声音乐，好的原声音乐能够与原动画产生共鸣，在平时的聆听中，让你不断回想起动画里的精彩、感动的情节。其中，代表作之一就是高达系列的原声音乐。

随着动漫业的发展，其声音和音乐类型也发展出多种形态。例如萌音，萌音指的是很萌、很可爱的声音，一般为萝莉（8~15 岁的小女孩）声音，适合群体多为男性（宅）恋声族。

"女王"的 Edition S 听感分享

Edition S 最强的特性就是做到了集密闭式耳机和开放式耳机于一身。只要取下耳机单元后部的隔音背板，Edition S 就成为开阔宽松的开放式耳机，而装上背板立刻变成隔音效果出色的密闭式耳机。众所周知，开放式耳机的音场要比密闭式耳机的音场更为宽阔。在对比原版和山新版的 Edition S 之后，我们的确能感受到二者在调音上的不同，山新版在人声表现上更加抓耳。

搭配自家的 Supper Mini 播放器去试听《穿越时空的少女》插曲——《不变的永恒》，里面主唱的声音细腻顺滑柔美，渗透到人心。配乐分布自然均衡、表现舒服、耐听，这一切都让我回想起动画里一句经典的话："我在未来等你"。穿越时空的爱情，当时的感动跟随着音乐不断涌现，心里的激动已经按捺不住了，难道这就是山新"女王"的魔力。就算减去脑放加成的部分，聆听其他类型的音乐，Edition S 表现也是不错的，在同价位的其他便携耳机当中，的确给予我美好的听音感受，出门怎么能不带上山新呢。

声优

配音演员以给外语片、动画及游戏等配音为基本工作。现在，许多声优通过自身努力，成为演艺界的一种新形式偶像。

山新，北斗企鹅工作室成员，声创联盟中文配音社团主力社员之一。她曾为《十万个冷笑话》《雏蜂》《哆啦A梦：新·大雄的日本诞生》《画江湖》系列、《端脑》《墓王之王：麒麟决》等多部动漫作品配音，并参与了《古剑奇谭》系列与《仙剑奇侠传》系列游戏角色配音工作，实力强悍。

山新的声线干净清澈，表演风格真实纯熟，感情收放自如，无论是可爱萝莉、纯真少女，还是精灵动物类角色都能轻松演绎。作为国内较活跃的专业配音演员之一，她以多变的声线、俏皮的性格收获了不少人气。丰富的经历和作品让她不仅成为网配圈中的"红人"，也让我们看到了专业配音演员的发展前景。

MOBILE SUIT GUNDAM UNICORN
ORIGINAL SOUNDTRACK

现在，专属于"女王"的 Edition S 山新限定版耳机终于诞生了，不仅颜值高，调音也非常对"女王"的口味，"女王"在日常工作、听歌、逛街和朋友电话聊天都可戴着它。

后语

可以说 HIFIMAN 带给我们的不单单是创新，更多的是感动，Edition S 山新限定版耳机在聆听 ACG 类型音乐上表现别具一格。同时在音响器材和配音两个相通但又不同的领域，山新与 HIFIMAN 都以"好声音"为自身追求，并希望将其呈现给更多人。这一次联合推出 Edition S 山新限定版动漫音乐耳机，也是为了能让更多人接触 ACG 文化，感受动漫带来的快乐，并体会到音乐和 Hi-Fi 的魅力所在。

倚天剑与屠龙刀

FOCAL Utopia 耳机 +Vibrato NDP 数码前级 / 耳放

●单元：40mm 铍振膜 M 形半球单元
●频率响应：5Hz~50kHz
●阻抗：80Ω
●灵敏度：104dB
●总谐波失真：<0.2%、1kHz/100dB SPL
●质量：490g

现在是深夜两点，我正在欣赏文杰工作室的 Vibrato NMT 数字播放器 + NDP 解码前级 / 耳放 + FOCAL Utopia 耳机，耳边流淌着优美醉人的旋律，回响的却是《三国演义》中"吾观颜良，如插标卖首耳！"、汉高祖刘邦说的"大风起兮云飞扬"，项羽说的"大丈夫生当如此，彼可取而代之"等豪言壮语。是的，这是我听过声音最雄壮威武，表现最全面的耳机组合！不只是搭配全铍单元的 FOCAL Utopia 耳机，就连不容易搞定的森海塞尔 HD800、HIFIMAN HE1000 平板耳机，Vibrato NMT 数字播放器 + NDP 解码前级 / 耳放这两部器材都让它们激发出罕见的潜力。

我手中有好几部耳放，有不同的风格和趣味。例如，EMT 986R 广播级 CD 机 + AuraLic "金牛座" 耳放，带来的是朴素无华、中性的声音。Linn Unidisk 1.1 播放机 + 美星 MC-300EAR 胆耳放呈现的又是温暖华丽、柔和多汁的悦耳声底。平常几

副耳机与耳放轮着搭配组合，变换出不少玩法。拿到 FOCAL Utopia 耳机后，我用 AuraLic "金牛座" 耳放搭配听起来整体清甜、稳重、和煦、中性，细节表现与动态并不出彩。换用美星 MC-300EAR 胆耳放搭配则是润泽饱满，增益大而强悍，中频较为感性，低频的速度与高频的细腻度我却不太满意。FOCAL Utopia 耳机本身有鲜明的个性，它的中音通透、轻松又自然，优秀的高频延伸对音乐的自然与活生感，以及细节表现力大有帮助，而低频快、准、有劲道，表现出庞大交响乐的层次感，动态可观。

可是搭配什么耳放，才能让 FOCAL Utopia 耳机发挥的效果最佳呢？答案来了！Vibrato NMT 数字播放器 + NDP 解码前级 / 耳放搭配 FOCAL Utopia 耳机，成了气宇轩昂、傲视群雄的倚天剑与屠龙刀。RR 唱片《舞迷心窍》是发烧友都熟悉的爆棚录音，但在 FOCAL 耳

机上展现出有如花火般灿烂的管弦魅力，真是让人吃惊。大植英次指挥明尼苏达交响乐团的众多录音如《红魔鬼》《火药库波莱罗》《全情火烧》《女王驾到》等，都是精心挑选了"轻若鸟语，暴如春雷"的旋律，制作人深谙发烧友的心理！录音师 Keith O. Johnson 在明尼苏达交响厅，捕捉到精确清晰的定位与丰富动人的韵味，管弦齐鸣时的光辉灿烂仿佛就在眼前！此外，音场的透明度、细节和空气感，都达到目前录音科技的高水准，味道极像 Decca 威尔京森时期的"天碟"。

我一直觉得 RR 这些录音只适合在大型音响系统上播放，越是大型的音响，越能发现《舞迷心窍》《红魔鬼》这些录音的极低频，又澎湃又凶猛，低音大鼓或管风琴真的有极强的能量。用耳机听 RR 唱片，大概只能体验到 70% 的效果，极低频的空气涌动始终找不到。意外发生了！第一

首里姆斯基·科萨科夫《雪姑娘》的丑角之舞，弦乐的齐奏顺滑之中带有极迷人的光泽，无论铜管、木管、灵巧的打击乐器还是深沉的大鼓，均保有强烈真实的质感和丰富的残响，尤其是不时出现的金属碰铃，超高频的泛音玲珑剔透，更是将高清音乐文件的高分析力、高信息密度尽显无遗。同时，我似乎听到极低频铺陈在最底部挥之不去，如一团老面有弹性、有张力，这不是大型音响系统才能听到的效果吗？第六首鲁宾斯坦的歌剧《恶魔》中的舞曲、第八首圣桑歌剧《参孙与大利拉》的酒神舞，极低频

频就泄气了；HE1000 的通透流畅的中频表现依然讨好，动态冲击力却不足。Utopia 耳机有超高的分析力，听爵士乐时鼓刷细微的金属敲打声变化繁多，细细碎碎不绝于耳，低音贝斯浓郁的拨奏厚实中透着弹性，饱满又结实的低频让人不禁竖起大拇指。欣赏古典音乐时，我更喜欢 HD800 的宽大轻松；欣赏人声时，我更喜欢HE1000 的灵巧细腻，这三副耳机各有所长，并没有谁一定能当武林盟主。

这时我们要开始介绍幕后功臣，也就是文杰工作室新推出的 Vibrato NDP 数码前级 / 耳放，它让三副耳机

更是倾巢而出，管弦齐鸣时巨大的动态让 FOCAL 厚度只有 80μm 的超轻量铍振膜（质量只有 135mg）濒临崩溃。

老实说我是连声惊呼，第一次在耳机系统中听到高频如此张扬有爆发力，低频如此丰盈又具动感。在大音压下，全频平衡度、空间感、音色的华丽细腻度、音场、定位、透明度等无一不佳！赶忙换上森海塞尔 HD800 与 HIFIMAN HE1000 耳机试听，HD800 的空间描绘与音场宽度、深度表现依旧无敌，但极低

- ●互调失真：–104dB（最大输出）
- ●信噪比：–111dB（不计权）
- ●THD+N：<0.001%（20Hz~20kHz）
- ●输出电压：1.4 V（RCA）、2.8 V（XLR）
- ●数字输入端口：HDMI、USB、AES／EBU（XLR）、S/PDIF（RCA）、Optical
- ●模拟输出端口：RCA x 1、XLR x 1、4 针耳机插口 x 1、6.35mm 耳机插口 x 1
- ●输出功率：600mW/32Ω（THD+N<0.001％）
- ●互调失真：–101dB
- ●信噪比：–102dB
- ●THD+N：0.002%（–20dBFS）、<0.01%（–1dBFS）
- ●尺寸：450 mm x140 mm x 410 mm
- ●质量：16.5kg

都有超强表现，可谓名副其实的屠龙宝刀。我曾建议广州富盛音响的朋友推出一部耳放以满足挑剔的烧友，沟通后他连茶都顾不上喝，说要赶回去开紧急会议，NDP 的雏形就此形成。不过我期待的是一部纯耳放，没想到一年后等来的却是一部带超级解码器和数字前级的耳放，如果单纯从耳放来看，Vibrato NDP 算体积大、质量高的产品了，连同包装竟达 20kg。质量并不是来自巨大的变压器，也不是数量众多的元器件，而是坦克车装甲般的钢板机箱，如此坚固的装甲保护也是史上非常强的机箱了。事实上，

Vibrato NDP 的耳放部分只用了两个单芯片的德州仪器 L49710 运放。这种运放失真率低至 0.00003%，有 20V/μs 的高回转率，噪声共模抑制比与电源抑制比都高达 120dB，输出电流 26mA，规格非常优异。但是很多耳放也都用运放放大，为什么却没有这种效果？

这时候，我开始明白 Vibrato 为什么要把耳放与解码/前级放在一起。NDP 是一部纯数码前级，没有任何模拟输入，所以玩黑胶唱盘、开盘录音机的朋友可以止步了。NDP 背板上的数字输入端口有 HDMI、USB、AES/EBU（XLR）、S/PDIF（RCA）、Optical 光纤，其中 HDMI 与 USB 都可以传输无损的 DSD 信号。HDMI端口适合与蓝光机连接，大部分多功能碟机能播放 DVD-Audio 与 SACD光盘，通过 HDMI 线就能传输原生格式的 I2S/DSD 数据流。但如果用Vibrato NMT 数字播放器以 HDMI 或AES/EBU 线连接 NDP，DSD 信号会变成 24bit/176kHz 的 PCM 信号。NMT 与 NDP 解码之间最好的连接方式是 USB 线，可以传输 DSD64、DSD128、DSD256 的原生 DSD 信号与最高 32bit/384kHz 的 PCM 信号。Vibrato 的 USB 接口采用美国 XMOS

异步解码方案，支持原生 DSD 信号传输，也支持 DoP 传输。两个 1ppm 超高精度温度补偿晶体振荡器，时钟抖动低至 0.01UI（p-p），确保了好声输出的基础。

Vibrato 家族以首部作品 Model One 合并功放为基础，随后推出 NMA 三合一数播功放、NMP 数字播放器解码，这些都称是 Model One 功放的"简化版"，唯独 NDP 前级是 Model One 的"强化版"。Model One 功放的解码使用了八声道并联的双 ESS9018 芯片，NDP 改用八声道并联的双 ESS9028 Pro 芯片，比起 ESS9018 的 127dB 信噪比有所提升，最高支持 32bit/384kHz 八声道解码。不过，ESS Technology 又发布了 DAC 芯片 ES9038PRO，信噪比高达 140dB，总谐波失真加噪声达 –122dB，参数上足以超越市面上的一切对手，也顺利从 ES9028（信躁比高达 129dB，总谐

波失真低于 –120dB）接过了旗舰的荣誉。

设计者之所以不在 Vibrato 上设置模拟输入，是因为模拟信号要在功放内先经过一次模拟到数字的转换，数字再解码成模拟，信号的损失在所难免。在 NDP 里面，信号由双 ESS9028 Pro 芯片解码后，再通过两个 Burr-Brown 芯片做平衡式音量控制，看不到复杂的模拟放大结构，确保了最简单、最简短的信号路径。即使是 NPH 全能唱头放大器，从黑胶唱片来的模拟信

号也会先被转换成数字信号，再与其他 Vibrato 产品联动工作，可见设计者"全数字"传输的理念。这样的想法并非始于 Vibrato，Meridian（英国之宝）、Linn（英国莲）很早就开始提倡把解码器放在有源音箱中，让数字传输直到最后，好处是大幅降低失真，也不再需要昂贵的信号线或扬声器线，说起来 Vibrato 还不算彻底的数字产品呢！

NPP 可作为支持目前所有高质量音乐格式如 WAV、FLAC、EPA、AIFF、PCM、DSD 的解码器，功能界面设计简单明了。针对耳机来评估，NDP 解码器部分的声音表现几乎可与英国 dCS、瑞士 Weiss 的专业产品看齐，听似平淡无华，实则密度高、形体感凝聚、速度与瞬态反应一流，声底活泼有朝气，播放任何音乐都很生动灵巧，低频的质更胜于量。作为前级来衡量，搭配德国 Einstein（爱因斯坦）的功放，NDP 表现得淡雅自然，具有专业机的实力。舞台透视感强烈，乐器与人声定位结像玲珑剔透，中高音线条清晰凝聚，低音有劲带着迅猛的爆发力，在 Vibrato 的世界里没有任何朦胧模糊感，找不到一丝粗糙棱角，更不会烂软发虚，每个音符都实实在在的。排除了大部分产生音染的因素后（电源线仍然有影响），Vibrato 创造了一个清爽、纯净、宁静的数字音响新世界，音乐听起来极其逼真，而真实的声音是非常美的。

有了顶级的解码加上强大的电源支持，NDP 虽然只用了运放驱动耳机，匹配 FOCAL 耳机的 80Ω 负载仅有 300mW 输出功率，但力道却超乎想象。播放 DSD 音乐文件，Utopia 耳机只需将音量开到 -40dB，HD800 与 HE1000 耳机也只需将音量开到 -32dB，音压就足以让耳朵受不了。听过 NDP 以后，我认为其他耳放的细节、穿透力、爆发力都略有不足，听完总觉得意犹未尽。果然倚天剑与屠龙刀一出，天下武林再难有敌手了！

能让你轻松 "施展拳脚"

AKG N60NC WIRELESS 主动式降噪耳机

当走在大街上，细心的你会发现众多的无线蓝牙产品，从便携式数码播放器、耳机再到手机等，这些产品基本上在出厂的时候就设计有无线蓝牙传输功能。无线蓝牙传输功能既可以满足个人聆听音乐的快乐，又可以满足"潮流一族"的便携需求，可以摆脱有线带来的那种扰人的束缚感。相对于"移动一族"来说，无线蓝牙耳机在使用上有足够的方便，有足够的快捷，只要想用就可以用，这才算是"王者"般的星级享受。便携式数码产品已成为"潮流一族"的时尚标配，特别是手机在我们日常生活中成为不可或缺的沟通工具，同时可以作为个人炫酷的装饰品。不过也有出于不方便或者个人喜好的人群，他们不会直接使用手机，因此，无线蓝牙耳机、无线蓝牙音响等无线蓝牙设备就此登场。

知名发烧耳机品牌 AKG 在 2015 年推出了一款型号为 N60NC 主动式降噪耳机，其以极致的产品外观和高品质的声音受到广大发烧玩家的赞美。两年之后，AKG 在 2017 年再度推出了 N60NC WIRELESS 主动式降噪耳机，同样带有主动式降噪性能，但在原有基础上增加了无线蓝牙功能，算是 N60NC 的升级版本，功能上的增加让发烧玩家们多了一种"享乐"的新途径。说起无线蓝牙耳机相信对于发烧玩家们来说绝对不会感到陌生，不管是否使用过，至少听说

过。市面上常见的蓝牙耳机大多分为三种类型：通信式蓝牙耳机、音乐类蓝牙耳机以及运动型蓝牙耳机。通信式蓝牙耳机大多是以耳塞式或者挂耳式为主，带有信号指示灯；音乐类蓝牙耳机大多是以头戴式为主，带有一定隔音性能；运动型蓝牙耳机则是以挂耳式为主，需要有一定防水以及防潮作用，而 AKG N60NC WIRELESS 主动式降噪耳机则是属于音乐类蓝牙耳机。

音响发烧圈中可能也有发烧玩家对无线蓝牙耳机一类的产品不太感兴趣，甚至会认为无线蓝牙耳机是多余的。笔者则认为并非如此，相对于驾驶员而言，随着最新《道路交通安全法》的颁布与执行，行车过程中接打手机会被记 2 分处罚，其目的是提醒驾驶员安全驾驶，在这种情况下，若

使用无线蓝牙耳机则可以使驾驶员避免单手握方向盘，从而使注意力集中，起到保障人身安全的作用。当你在户外活动时，耳机线有可能会被别人碰到或者因活动幅度较大而瞬间滑落，一旦你换上无线蓝牙耳机，就会变得更轻松。

没有了有线的束缚，拳脚得到轻松施展，听觉上当然也是乐在其中，AKG 这款 N60NC WIRELESS 主动式降噪耳机完全可以满足你的听觉享受。从外观上看，AKG N60NC WIRELESS 继承了 N60NC 的设计元素，给人一种朴实稳重，没有过分浮夸的感觉。耳机整体部件采用塑料材质和哑光质感，使产品有更好的视觉效果。耳罩外延部分和 Logo 部分同时使用亮边的金属材质，略显现代时

尚感的同时提供了丰富的人性化设计。耳机的左声道单元设置有 USB 充电接口以及 3.5mm 接口，供接入有线音源或麦克风，右声道单元则设置蓝牙功能识别开关、歌曲切换键以及音量调校按键。AKG N60NC WIRELESS 头梁和耳垫部分使用非常柔软的皮质材料，同时为了使耳垫与耳朵有更充分接触，耳罩部分采用人体工程学概念设计，可以小幅度转动让发烧玩家感受到佩戴的舒适感。

AKG N60NC WIR-ELESS 是一款半开放式耳机，主推无线便携性的同时具备主动式降噪功能的特点。其既然是一款带蓝牙功能的降噪耳机，那么在听感体验方面与 N60NC 会有什么不同和惊喜呢？先使用蓝牙音乐播放器连接 AKG N60NC WIRELESS 耳机并在试听过程中关闭降噪功能，所播放音乐文件格式均为 FLAC 无损格式。当试听小编制的管弦乐时，乐器演奏的细节都可听到，例如，在管弦乐中比重较小的三角铁声，小提琴细微的擦弦声，音乐会演奏过程来自观众席的

轻微咳嗽声等。其次，在播放流行歌曲时，最让人印象深刻的是低频声音表现力集中，富有弹性且下潜能力到位；中频人声表现细腻，能感受到歌手演唱时所流露出的丰富情感；高频延伸自然，并没有过分的夸张成分。从整体听感上来说，声音显得平衡自然有感情，乐器演奏时的细节与解析

力表现丰富，各频段的延展性以及动态都表现得恰如其分。AKG N60NC WIRELESS 主动式降噪耳机保留了一贯的高解析力以及丰富的细节表现力，在舒适性以及便携性等细节方面都能很好地体现人性化特点。

现在，无线蓝牙耳机成为一种流行时尚标配的新趋势，同时拥有一部好的数码音乐播放器，当然也少不了拥有一副优质的无线蓝牙耳机，它可以让你无束缚地享受音乐所带来的美妙乐趣。AKG N60NC WIRELESS 主动式降噪耳机是你享受音乐的"好伙伴"。

这是诱惑的味道

HIFIMAN Shangri-La jr 小香格里拉静电耳机

你 有多久没有一个人长时间静静地读一本书了？
你有多久没有一个人长时间仔细地观察身边的一花一草了？
你有多久没有一个人认真地做自己喜欢的事了？
这样一个人独处的时间，就是与自我对话最好的时候。

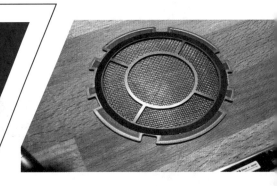

徐志摩说过，"单独"是个耐人寻味的现象……你要发现自己的"真"，就要给自己一个单独的机会。因为只有一个人的时候，才会静下心来，聆听自己的声音并与自我对话。对很多人来说，一个人吃饭似乎会被打上寂寞、孤独、冷的标签，电视剧《孤独的美食家》中松重丰饰演的大叔却花了7年的时间告诉我们，一个人吃饭是一件很美好的事情。

这位四处拜访客户的大叔每完成工作任务后，饥肠辘辘的他就会放下一切，独自一人专心地寻找着街头巷尾能勾起他食欲的小店。从那些不期而遇的小店里，他发现了隐藏在城市各个角落的美食：香喷喷的烤鸡肉串、热辣的无汤担担面、一个人的美味烤肉、入口即化的静冈关东煮、香脆可口的炸猪排套餐等。每当沉浸在一个人享受美食的过程中，大叔的内心除了美味，心无旁骛，填饱肚子后烦恼也一扫而光。大叔在每一集里都不顾忌他人眼光自然不做作地大口吃饭，当美味的食物入口时，眼角和眉梢都流露着开心和满足。美食带给身心无与伦比的幸福感，也让这位大叔如同少年一般灿烂。《孤独的美食家》与其说是一部美食剧，不如说是一部个体意识觉醒的好剧，它能让我们浮躁的心沉静下来，忘却外面世俗的眼光与流言蜚语，聆听内心的声音。恰到好处的孤独也

是有正能量的，如同一个人用心生活，这一刻我们是自由的、无拘束的、幸福的。

　　电视剧中男主角不愧是美食家。吃之前他都要仔细端详食物，好似在欣赏一件精美的艺术品，开吃以后更不会狼吞虎咽，而是细嚼慢咽地品尝其中的美味。每当遇见超级美味，大叔会在心中呐喊：这是诱惑的味道啊！在遇见HIFIMAN小香格里拉静电耳机时，我突然想起《孤独的美食家》，它不像其他一些美食剧一样，拿吃不起的高级料理来诱惑你。小香格里拉有着当今高水平静电耳机的表现，有着超乎想象的性价比，让我们在欣赏的同时有真切的代入感，可以想象把它带回家的幸福满足感。上一次评鉴大香格里拉耳机，我说它的声音宛若"天堂之音"，那种自然流畅的音质配合扎实的密度与适度的能量，带来迷人飘逸的空间感与清晰有弹性的低频线条，音乐坚实有力但不狂暴，速度敏捷但不毛躁，很有质感与说服力，很容易被其感染而忘却俗

物。大香格里拉耳机系统不会让音乐更细腻悦耳，也不会让声音更甜美多汁，它忠实放大唱片的原貌。我一直强调，最真实的才最美，好的音源加上好的录音，HIFIMAN香格里拉静电耳机简直就是通往"天堂"的直通车！

　　找一个闲暇的周末午后，躲在空调房中一个人静静地整理唱片，一个人仔细地端详这套小香格里拉静电耳机，一个人认真地听几首交响

曲，体验旁若无人却内心澎湃的浸入式感受。恰到好处的孤独对此刻的我来说是一种享受，是自己给自己的治愈时间。日剧《孤独的美食家》把孤独演化为一种审美、一种情趣、一种仪式。这种精神奢侈品，发烧友独自一人在聆听耳机时最能感受到。

大香格里拉静电耳机是截至目前我听过最好的耳机之一，比起 Stax 柔若无骨的声音，或者森海塞尔大奥的坦白直率，HIFIMAN 显然平衡度与自然流畅感都更胜一筹，它清爽干净活泼又细致的表现，甚至很多过百万元的音响都无法企及。但是 30 万售价的耳机并非人人可以拥有，所以一年多来我用"选择性遗忘"的方式努力不去想起大香格里拉，否则只怕家里的 SUSVARA 平板耳机都听

不下去。小香格里拉的出现像平民美食一样让人开心得手舞足蹈，我用 Vibrato 的 NMT 播放器 +NDP 数字前级组合，花了一周时间不停地煲炼熟化，然后用虔诚的态度开始欣赏。每段录音都像一个新鲜的美食：印度咖喱、叉烧拉面、水煮毛蟹、碳烤羊排、猪排三明治、山椒味噌……每一段都能触动感官神经，引发我对人生各种况味的回忆：欲望、感伤、激情、幸福，酸甜苦辣，百味横陈。在不 A/B 比较的情况下，小香格里拉几乎与大香格里拉有不分轩轾的声音表现，更像是吃到了极品牛背烤肉，不禁有"以后再也吃不到了，怎么办？"的心情，这是一种诱惑的味道啊！

比起大香格里拉，小香格里拉静电耳机的改变主要集中在简、轻、劲

三个方面，声底风格则是延续的。

●更简单的功放。大香格里拉的驱动功放像一个 7 字形的现代建筑物，音量旋钮内部由 24 个电阻搭配继电器构成，采用纯甲类全平衡推挽三级放大线路，以及四只 300B 电子管与四只 6SN7 电子管。设计者边仿说这部真空管驱动器并没有使用输出变压器，音乐信号路径上也没有电容器，300B 电子管与静电耳机直接交连，这是音染最低、音乐路径最短、声音传播最直接的方式。鉴于大香格里拉的驱动功放造价不菲，所以小香格里拉简化驱动器，改用四只 6SN7 电子管放大，原厂说已经解决了瞬态互调失真、开关失真、交越失真和热噪声等有害音质的问题，应该也是纯甲类放大、直流灯丝供电。新的功放

采用斜坡梯形设计，由航空铝材制作，顶板是钢化玻璃，改用24bit数字音量控制，转动时会有白色光标指示。至于为什么要用6SN7电子管？仁者见仁，智者见智！美国著名技术狂人Kevin Gilmore设计的Blue Hawaii SE耳放，超越WES、Stax等一众强手，被认为是非常好的静电耳机耳放。他使用的是EL34束射四极管，只能说戏法人人会变，巧妙各有不同。

● 更轻盈的耳机。小香格里拉静电耳机本体质量只有374g，与大香格里拉持平，比SUSVARA平板耳机的450g、HE1000 V2的420g都要轻盈。比起Stax旗舰SR-009S、MrSpeakers ETHER C、森海塞尔的大奥二代HE1与Sonoma Acoustics Model One等静电耳机，小香格里拉的佩戴感确实轻松没有压力。小香格里拉耳机的外壳弃用木头材料，改用6系航空铝合金（加入镁与硅合金），经数控机床加工后进行阳极处理，看起来很有科技感且年轻化。头梁及支撑结构与HIFIMAN其他耳机类似，耳罩是皮革加上亲肤性的编织布，与耳朵的接触质感非常好，柔软舒服而且不沉闷。原厂还提供一个金属耳机架，造型十分个性，让耳机有歇脚之处。

● 更劲爆的声音。从技术角度看，核心的静电膜技术并没有改变，都是使用纳米级振膜，上面再涂覆几乎不受湿度影响的亚微米材质（由于金属真空蒸镀镀层厚度较厚对音质有影响），号称泡在水里晾干以后也能照常工作。振膜面积大约60cm²，因太轻无法测量质量。其结构同样是开放式设计，以避免太大的空气阻尼妨碍振膜灵活运动，两面自由发声带来开扬流畅的效果。保护振膜的极板并非常见的金属板打孔，而是由直径0.05mm的金属丝编织成肉眼可见的细网，相较于传统处理方式有更好的开口率，可以让1MHz的高频声波通过而不会受到阻碍。支撑两片极板与振膜的是圆形合金框架（大香格里拉的框架是椭圆形），极为坚固，让极板与振膜这个三明治结构有强力的支撑。最外面的防尘格栅也是几乎不影响声波穿透的设计。原厂标示的频响范围7Hz~120kHz不变，也许是功放的关系，小香格里拉静电耳机在听感上声场又宽又深，音色通透清爽，中高频泛音表现出色，音质细腻绵密，空气感与细节表现比起大香格里拉虽略有不及，但凌厉勇猛的速度与冲击力却扳回一城。如果说大香格里拉是华裳鬓影的贵族少女，小香格里拉就是活力四射的年轻小伙子。

正式试听时我帮小香格里拉搭配了EMT 986广播级CD机与Vibrato NMT高清播放器两部音源，参考器材是Vibrato NDP解码前级/耳放、FOCAL Utopia全音域铍振膜耳机与HIFIMAN的SUSVARA平板耳机。

了解耳机的朋友都知道，耳机重播音乐的效果和音响有很大的不同，特别是在音场方面，耳机虽然也能营造出音场的效果，但远不如音响自然立体。这主要有以下因素。用音响重播音乐时，声音信号从扬声器发出再通过空气传播到达人耳，我们听到的声音和自然界的声音类似。在声学上，用HRTF（头部相关传输函数）来描述这种现象，人的耳廓、耳道、头盖骨、肩部等对声波的反射、衍射，都会对声音造成一定影响。由于HRTF的关系，人的大脑能根据经验判断出声音发出的方位和距离。但

通过耳机欣赏音乐时，HRTF 不存在，人的大脑就无法准确判断声音的方位和距离。相距很远得到的录音立体声信号被两只相距约 30cm 的耳机单元灌进双耳，通常听到的音场似乎被挤压在左右耳之间，俗称"头中效应"。假人头录音完美地解决了耳机的这一困扰，它能营造出比音响更为逼真的 360°音场效果，在音场再现方面表现很好。

日本 Stax 在 1988 年出版了一套两张的 Klassik 管弦乐专辑，还有一张 The Space 测试片，包含多段环绕效果与爵士乐，都使用假人头（Dummy Head）方式录音。由于这种录音无法进行后期处理，所以声音温暖而真实，尤其那种环绕效果让人感受到实实在在被音乐包围。听铜管乐合奏时，自己感觉乐队仿佛就围着你演奏。听交响曲片段则感觉好像坐在音乐厅的最佳位置，切实感受强烈动态与巨大震撼；合唱团清唱声浪扑面而来，那深远的空间回响昭示着录音场地是一个很大的教堂。以前我用 Stax 静电耳机时买了很多张假人头录音专辑，现在拿出来重新用 HIFIMAN 小香格里拉静电耳机欣赏，精彩依然，震撼性却比过去深刻而强烈，因为 HIFIMAN 呈现出更饱满坚实的形体感、更紧密有力的冲击性、更清晰明确的空间描绘、更萦绕飘逸的余韵效果，可以说直接超越了老款的 Stax 耳机。

参考耳机 FOCAL Utopia 有不错的质感与密度感，低频的充足能量与庞大规模也令人赞赏，细节、音质、音色与平衡都达到高水平，我认为它仍是目前的动圈耳机之王。

第一，小香格里拉最大的优势在于声场更自然。Stax 测试唱片中有好几个音轨包含了现场的鼓掌声，平常我们听 Hi-Fi 产品掌声都是从前面传来的，与演出现场诸多不同，用 FOCAL 耳机，我们听到的掌声是前、后、左、右观众实实在在的掌声，而小香格里拉更进一步让人觉得自己就在这些观众中间，那种临场氛围与舞台感更逼真。

第二，HIFIMAN 全频极为丰富的声音信息量和细节表现略胜一筹。拿小香格里拉耳机欣赏熟悉的唱片，我可以听到很多平时听不到或注意不到的细节，尤其是现场录音更能察觉到音乐厅中的很多杂声。听 Stax 的假人头录音有种置身于指挥台，声音和各种细节从四面八方涌来的感觉，弦乐群温暖柔和而有厚度，从左到右的绵密连续感毫无破绽。这款耳机连很细微的波动与擦弦声都能表现出来，还有高频泛音自然向上飘散的感觉，让音乐变得有活力。除了静电振膜外，大概没有其他单元可以展现那么多微小细节，那么轻盈的跃动感，那么绵密的弦乐群。

第三，小香格里拉的极度透明感与低频分析力也领先一步。静电耳机的透明度不是明亮火热、光彩耀人的，但全频通透见底，干净得一尘不染，甚至带着"仙气神韵"。评论大香格里拉时我用 Riedel（奥地利）的水晶杯来形容，Riedel 水晶杯优雅精致的造型、清亮透明的外观、细致灵巧的杯脚以及纤薄的外壁，对着灯光观察让人目眩神迷，小香格里拉的透明感是同一梦幻级别的。用它欣赏管弦乐录音，弦乐群丝毫不带火气的飘逸，木管乐器气柱如凝的立体感，铜管乐器金光灿烂的形体感，都让人觉得无可挑剔。Utopia 耳机在低频冲击力方面的确厉害，小香格里拉却在低频分析力扳回一城，它没有打桩机式的庞大震撼，只是非常中性地传达出乐器的形体与量感，静电振膜说动就动、说停就停，速度反应与低失真无可比拟，是耳机界的标杆。

至于同样用作参考的 HIFIMAN SUSVARA 平板耳机呢？老实说，SUSVAPA 也相当不错，在飘逸感与通透感方面略有不及，低音澎湃效果反而占一点上风。不过，一旦试听过小香格里拉，又看到值得"剁手"的价格，我心里也不平静了！

"戴上JH13v2，以前自己声音中听不清的那些细节，现在都可以听到，让我能在演出中实现更一致的声音效果。"

Melissa VanFleet
（美国唱作音乐人）

Jerry Harvey Audio
打造最好的定制入耳耳机世界

　　1995年，JH Audio的创始人Jerry Harvey作为著名金属摇滚乐队Van Halen的音效监听师，跟随乐队到处巡演时还带着舞台监听用的地板音箱。乐队鼓手Alex Van Halen想保护自己已经受损的听力，决定试试入耳监听耳机。那时入耳监听技术仍处于起步阶段，Alex Van Helen请Jerry帮他找最好的耳机，Jerry尝试后并迅速放弃了当时现成的入耳技术。Jerry利用自己的声学经验攻克了大型声场系统，量身定做出了他的第一副二分频耳机。

　　Van Helen乐队对这个结果欣喜至极，消息也很快在其他歌手与监听师之间不胫而走。不久后，Jerry创立了他自己的公司，专门为音乐人和音乐发烧友设计和生产入耳监听耳机。因为专注于尖端的设计与无与伦比的听音品质，他的入耳耳机成为耳塞行业中品质参考的标杆。他富有创造力的声学设计现在也贯彻到了通用耳机产品，让任何人都能像摇滚明星一样感受到产品的魅力。

Jerry Harvey Audio的创新发明

　　Jerry因其开创性的设计获得多项美国专利，其中包括Freqphase技术、Jerry Harvey锁定插头、低频调节器、Freqphase控制方法与系统、双高频单元、双孔系统。

　　◆ Steel Tube Waveguide（不锈钢声学导管相位波导技术）

　　在重新设计声音的传播方式和声音传播到耳朵的时长后，Freqphase Time/Phase Waveguide（相位波导）技术诞生了。Freqphase技术通过即时传送低、中、高频声音，成就了世界首创相位一致的耳机。

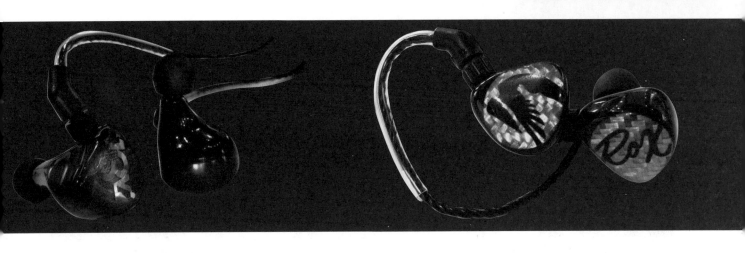

◆ Quad Driver Technology（四复合单元驱动技术）

所有 Jerry Harvey Audio 入耳耳机均为纯手工打造，JH Audio 的定制和通用入耳耳机均产自佛罗里达州的奥兰多市。所有其他的品牌都将两个双单元黏合在一起，用一根管子延伸到两音路上形成伪四单元，这种结构会影响声音效果。JH Audio 独有的单路四单元复式专利设计，让音质更纯粹。每副耳机采用专利驱动单元、分频组件，定制含有碳纤维的外型，这些造就最靓声的入耳耳机。JH Audio 应用传统制造工艺和尖端技术，让用户对自己的入耳耳机倍感自豪。

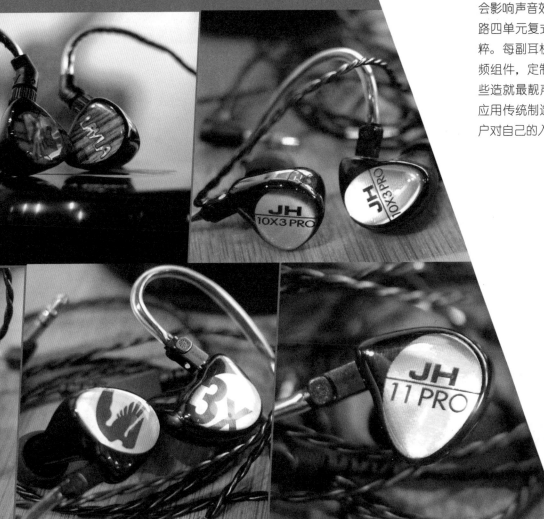

音乐界人士好评如潮

美国唱作音乐人 Melissa VanFleet 说："戴上 JH13v2，以前听不清的那些声音细节，现在都可以听到，让我能在演出中实现更一致的声音效果。"

美国新金属乐队 KoRn 鼓手 Ray Luzier 说："我的乐队常年巡演，而我的 JH 耳机给我的远不止是耐用和可靠！"

美国摇滚乐团 Lynyrd Skynyrd 吉他手 Rickey Medlocke 说："我的 JH Roxanne 耳机完全重新定义了入耳监听！从没感觉到摇滚能这么棒！"

Deftones/ 盲音合唱团鼓手 Abe Cunningham 说："完美的化身。"

新款 Lola 入耳耳机完全考虑到了吉他手。"吉他声听起来比用旧的耳返听起来自然太多了"，枪炮与玫瑰乐队主音吉他手 Slash 如是说。

性能卓越的产品系列

旗舰 Layla™（参考价 $2725 起）

作为我们的旗舰型号，Layla™ 拥有入耳耳机最精致的分频网络。Layla™ 耳机采用 12 单元结构：四单元低频、四单元中频、四单元高频，三路分频设计，采用不锈钢导管相位波导技术，以及 SoundrIVe™ 技术，自定义低频输出可在耳机线上调节。

Roxanne™（参考价 $1745 起）

Roxanne™ 被誉为有史以来最动听的入耳耳机之一，从发布以来它就一直延续着传奇。作为代表创造性的 Siren 系列中的第一副耳机，Roxanne™ 开创了 4 针锁定插头和耳机线可调节低频的历史。Roxanne™ 采用 12 单元结构：四单元低频、四单元中频、四单元高频，三路分频设计，采用不锈钢导管相位波导技术，以及 SoundrIVe™ 技术，自定义低频输出可在耳机线上调节。

JH16v2™（参考价 $1499 起）

在世界巡演音乐人梦寐以求的入耳监听耳机中，JH16Pro™ 牢牢占据了一席之地。现在，JH 推出了大幅

路分频设计，采用不锈钢导管相位波导技术，自定义低频输出可在耳机线上调节。

Ambient FR（参考价 $1375 起）

Ambient FR 是为不单想听到舞台上的所有声音，更加需要感受声音现场的演出者而设计的。Ambient FR 是第一副采用全范围返送的环境入耳监听耳机，在不缩小频率范围的基础上进行适当弱化。它采用 8 单元结构：四单元低频、四单元高频，采用双路分频 + 环境音孔和不锈钢导管相位波导技术。

JH11（参考价 $895 起）

或许市面上有其他自称 11 的监听耳机，但是 JH11 这一副是由"金

分频设计和一个双音孔，低频有力、中高频细节丰富，让竞争对手无法匹敌。它采用 3 单元结构：一单元低频、一单元中频、一单元高频，采用不锈钢导管相位波导技术。

签名设计款

受 Jerry 对特殊材料和优美设计的启发，我们的艺术家们设计出了最新的签名设计定制款。这些绝妙而独特的设计款使用了特殊的材料和醒目的色彩搭配，让 JH 的任何型号都更显独特。它们由铜、鲍鱼贝壳、美得令人窒息的墨西哥黄金檀木等材料打造。

升级的 JH16v2™，声音表现更好。JH16v2™ 采用 10 单元结构：四单元低频、二单元中频、四单元高频，三路分频设计，采用不锈钢导管相位波导技术，以及 SoundrIVe™ 技术，自定义低频输出可在耳机线上调节。

JH13v2™（参考价 $1175 起）

JH13Pro™ 是音乐发烧友的最爱，是 JH 首先应用最新单元驱动和分频技术的耳机。全新改良的 JH13v2™ 具有 JH13Pro™ 身上所有元素，并且环绕、清晰度和声场都更强大，是一款非凡的产品。JH13Pro™ 采用 8 单元结构：二单元低频、二单元中频、四单元高频，三

耳朵"调试完成的，声音准确而干净。它采用 4 单元结构：二单元低频、一单元中频、一单元高频，采用不锈钢导管相位波导技术。

JH10X3（参考价 $845 起）

想要物超所值？10X3 能为你带来三重功效和较成熟的准确性，但高性价比从来都不代表廉价。它采用 3 单元结构：一单元低频、一单元中频、一单元高频，采用不锈钢导管相位波导技术。

JH3X（参考价 $599 起）

浓缩的才是精华，JH3X 也不例外。JH3X 在 3 单元定制入耳监听耳机中有突破性的表现。JH3X 采用二

符合人体工学的腔体设计，革命性的通用耳机 Performance 系列

很多人努力想让通用耳机有更好的贴合感和密闭感。为了响应客户的反馈，JH 开展了为期一年的研究分析。现在，JH Audio 已为全球顶级艺人手工制作了数千副定制耳机，奥兰多的 JH 实验室成员采集了超过 3 万副耳模。通过这些数据，JH 针对定制耳机和通用耳机在耳模和人体工学上的差异进行了分析。定制耳机是根据人类耳朵进行准确倒模而制成的，在几何结构和角度上具有一定的共性，其中一个相似之处就是耳道的

角度都会向上倾斜10%。音孔调校及耳甲、耳轮部位的精准模型，为定制耳机提供了其他通用耳机无法比拟的贴合度和密闭感。

顶尖的 3D 打印技术

为了获得新的通用入耳耳机腔体模型，JH Audio 利用了 3D 建模和 3D 打印技术。新一代耳机腔体的每一个角度和音孔都重新经过了谨慎的设计，只为能让用户体验积更小的腔体及更自然贴合的音孔设计。这类调校让用户佩戴耳机更轻松，耳内更贴合，也确保了感觉更舒适，隔音性能更好。腔体设计只有通过 3D 打印才可实现，之后逐个通过手工装配。当然，每一副通用入耳耳机都在 JH Audio 奥兰多工厂内生产完成。接下来，这些耳机会通过检测并匹配厂方的 ±1dB 参考基准。在细节和手工方面能达到如此程度的产品，行业内从未听说，因为大多数的制造商只匹配到 ±3dB 参考基准。

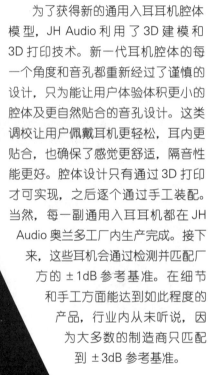

Roxanne™ Performance 通用耳机是 Performance 系列中的明智之选，采用 3D 打印技术设计通用耳机腔体，搭配银色碳纤维面板和黑色超大 JH 标志，外观绝对高端大气，隔音可达 26dB。它采用 12 单元结构：四单元低频、四单元中频和四单元高频，三路分频设计，采用不锈钢导管相位波导技术，以及 SoundrIVe™ 技术，搭配 MOON Audio4 针锁定插头耳机线，自定义低频输出可在耳机线上的电位器调节（调节范围 0~ +12dB）。它能带来真实的低音反应，自然宽阔的声场，声音悦耳。

现在，大幅升级的 JH16v2™ Performance 通用耳机，声音表现之好令人难忘。它采用最新设计中的平衡动铁单元，让低频和高频得到了更好延伸。它采用 10 单元结构：四单元低频、二单元中频、四单元高频，三路分频设计，采用不锈钢导管相位波导技术及 SoundrIVe™ 技术，隔音达 26dB。JH Audio 的个性化低频调节，可在四单元低频调整 ±10dB，而不影响中频或高频的表现。四单元高频平滑延伸至 23kHz，可以听到从未听到过的高频细节。

JH13Pro™ 是音乐发烧友的最爱，已经升级配备新的单元和分频。现在的 JH13v2™ Performance 通用耳机配置 8 组平衡动铁、不锈钢导管相位波导、MOON Audio 4 针插头与耳机线，单边的低音可调整 +10dB。JH13v2™ Performance 通用耳机增强了延展性、清晰度和声场，采用 3D 打印技术设计通用耳机腔体，定制胡桃木面板，配有鸭青色超大 JH 标志。它采用 8 单元结构：二单元低频、二单元中频、四单元高频，三路分频设计，采用不锈钢导管相位波导技术及 SoundrIVe™ 技术，搭配 MOON Audio4 针锁定插头耳机线，隔音达 26dB。

突破性的圈铁混合耳机 Lola

定制入耳耳机设计主要体现在平衡动铁单元，但是由于定制耳机腔体的体积限制，在实现混合设计时，很多人倾向使用动圈驱动技术作为低音单元。Jerry Harvey 突破性的四单元驱动设计采用多组平衡动铁单元，只要应用得当就能得到非常紧凑、精确的低音响应和高中频至高频的延伸。尽管如此，创始人 Jerry 仍然觉得在 200Hz 到 3kHz 的区间缺乏温度感和空间感。

Jerry 曾经从事现场录音制作，他调校过数百个大型舞台广播系统，长期以来钟情于 40cm 动圈耳机自然、轻快的声音风格。为了达到这个目标，Jerry Harvey 研发了全新 D.O.M.E™（双反相中频声学导管）专利技术，为设计带来新的变化。为了匹配这个新型号所需的响应速度，JH 的实验室成员用 3D 打印技术特制了这个调校后的导管，并在两端

各放置了一个 4.9mm 动圈驱动单元，因此得以使 Lola 的娇小身躯内具备 9.8mm 直径的有效中频驱动单元。

Lola™ 是结合了力量、细节、温度的平衡体，具有非凡的模拟声场优势，补充了弦乐器和人声。它的低音响应迅速，尤其是细节部分，高频可延伸到 20kHz。D.O.M.E™ 专利技术为 Lola™ 带来了自然、丝滑，具有空气感的惊艳体验。

Jerry Harvey Audio 全部产品为手工精制，绝非量产。

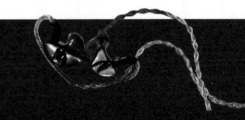

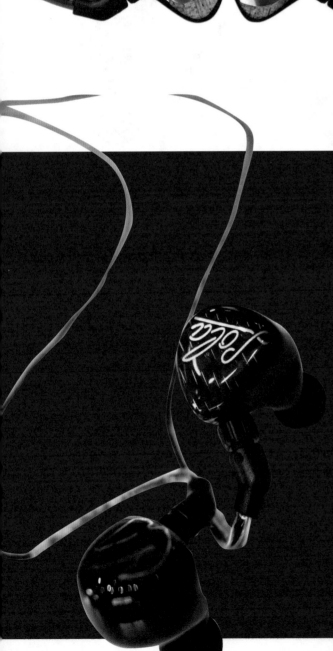

Lola™ 定制入耳耳机（美国零售参考价：$1745.00）

◆单边 8 单元：双低频平衡动铁，D.O.M.E™ 技术搭配两组 4.9mm 动圈驱动单元，四单元高频

◆MOON Audio 4 针锁定插头耳机线，应用了可调的铝制插头锁和个性化低音电位器，用户可调的低音范围为 0~+/–15dB

◆应用不锈钢导管相位波导技术

◆全新铝制顶开式便携带

◆综合三路分频，隔音达 26dB

◆参数：频率响应：20Hz~20kHz；输入灵敏度：105dB；阻抗：16Ω

Lola™ Performance 系列通用入耳耳机（美国零售参考价：$1599.00）

◆Lola™ 作为 JH Audio Performance 系列之一，同样只需 3D 打印技术设计通用耳机腔体，配上适合用户的耳塞套，并不需要制作耳模！它的特性、参数与定制款相同，包括：顶尖 3D 打印通用耳机腔体、定制闪电碳纤维面板、铜制 JH A/Lola 标志、三款不同尺寸 Comply™ 海绵耳塞套、三款不同尺寸硅胶耳塞套。

王者荣耀

HIFIMAN SUSVARA 平板耳机

- ●类型：平板开放式
- ●单元：镀金纳米振膜单元
- ●频率响应：6Hz~75kHz
- ●阻抗：60Ω
- ●灵敏度：83dB
- ●谐波失真：二次谐波失真 <0.1，三次与四次谐波失真 <0.04%
- ●质量：450g

7051709

《王者荣耀》，是广受欢迎的电玩游戏之一，推出以来各种话题不断，腾讯方面更是发出游戏"限时令"：12周岁以下未成年人每天限玩1h，并计划晚上9点以后禁止使用登录功能；12周岁以上未成年人每天限时2h，超出时间的玩家将被强制下线。HIFIMAN的静电耳机香格里拉与新款平板耳机SUSVARA推出以来同样热议不止，国内的几次音响展会观众大排长龙，就为了一睹"天价"耳机到底长什么样子，最后只好每个人限时试听10min。HIFIMAN每一次旗舰耳机的推出总能带来惊喜，HE1000推出时我说它是真正的"王者"降临，之后香格里拉静电耳机推出时说是改写"王者"纪录，现在SUSVARA只好说是"王者"家族中的巨大荣耀了。

不想排队试听？干脆把它带回家吧！香格里拉静电耳机也许买不起，SUSVARA却是值得咬紧牙买下的珍品，当之无愧的"平板耳机之王"。

HIFIMAN的边仿博士把SUSVARA参考价定为5000美元，自然是深思熟虑的结果，因为放眼当前的耳机世界，SUSVARA不仅在平板耳机领域称王，而且在动圈耳机中也几乎没有对手。我先以自己的经验分析一下为什么SUSVARA可以有这么高的地位。

●佩戴舒适性无敌。同样是平板或静电耳机，大概只有Stax的SR-009可与之比拟，SUSVARA舒适性远超奥帝兹LCD-4、JPS ABYSS AB-1266、MrSpeakers ETHER FLOW、oppo等竞争对手，而制造工艺也比同厂的HE6明显进步。在动圈耳机部分，质感比Edition 5好得多，FOCAL Utopia、拜亚动力T1、歌德PS1000、AKG K812、森海塞尔HD800等高价耳机的佩戴舒适性在SUSVARA面前通通要甘拜下风。SUSVARA延续HIFIMAN HE1000 V2的设计，又融合香格里拉静电耳机的构想。铝合金+木头+真皮+低致敏材料的组合，让质量仅450g的SUSVARA耳机既舒适又轻松，即使大热天长时间佩戴也不担心汗流满面。

●配件丰富性无敌。HIFIMAN从很早就开始为高端耳机配备多条耳机线，但SUSVARA由于灵敏度太低，便携设备大都无法推动，所以只配置两条耳机线。不过原厂为 SUSVARA 另外设计了一个精巧的黑盒子，一端是音响接线，一端是平衡耳机口，非常的实用。事实上，这里说到 SUSVARA 耳机最大的问题是 83dB/60Ω 的灵敏度很难驱动。ABYSS AB-1266 耳机灵敏度仍有 85dB/46Ω，原厂建议搭配美国 CAVALLI 旗舰耳放 Liquid Gold，输出纯甲类功率 3W，但有人说 Liquid Gold 仍然无法很好地驱动 ABYSS 耳机。为此，HIFIMAN 自己设计了 EF1000 功放来搭配 SUSVARA，耳机输出纯甲类功率为 20W，体积巨大无比。最经济的方式，就是利用家中原有的功放，加上小小的阻抗器来推动 SUSVARA 耳机。试听时我使用

烈的鼓声动态惊人但轻松自若。由于 Vibrato NDP 数码前级 / 耳放可以直解 DSD 源码，所以我搭配 Vibrato NMT 数字播放器，但要以欣赏 SACD 音乐为主，才能尽情发挥 SUSVARA 耳机的高带宽与高分析力优势。另外，如果用功放直接驱动，建议最好是使用通透度高、细节丰富、音质醇美的晶体机，但电子管功放的信噪比限制恐怕会影响 SUSVARA 耳机整体表现。

●高端大气。江山代有才人出，不敢说 SUSVARA 是目前最贵的耳机，但名列前茅是没有问题的。上海展期间，SUSVARA 耳机搭配原厂 EF1000 功放，报价 12 万元，不管

●技术开创性"无敌"。平板耳机不是新鲜玩意，但要做得好却有很多门槛。HIFIMAN 这次使出的几个秘招分别是隐形磁体技术结构（优化并改善了磁铁缝隙间的空气湍流与反射，让磁铁在声波面前得以隐形，有效降低了失真）、纳米级振膜（意味着更好的高频响应和更多的声音细节）、黄金镀层音圈（如果音圈沉重则极薄的振膜就没有意义，黄金的柔软延展性使制造极薄的镀层成为可能，但镀层的极端薄细增大了阻力，大大降低了 SUSVARA 的灵敏度），以及 "百叶窗" 结构（每根格栅与开孔均经精准计算与仪器数万次的测试，开放式设计使声场开阔宏大，

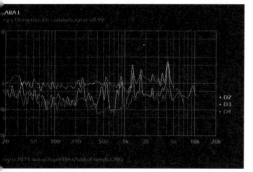
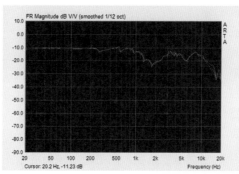
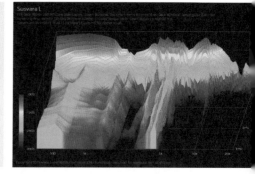

Vibrato Model One 解码 / 合并功放，输出功率 100W，果然把 SUSVARA 耳机控制得服服帖帖，由于增加的一组音箱线，可玩、可变化的元素更多了。

我家中的几部耳放包括声韵 AURALiC 金牛座 Taurus MKII、旷世 Questyle CMA800R 等基本要把音量开到 4 点钟位置，SUSVARA 耳机才能发出足够的音压与动态。搭配的 CD 机为 EMT 986R，这部机器的声音沉稳大气、中性不张扬，非常端正、高密度，但在耳放推力不足的情况下，完全发挥不出应有的效果。最后试用了 Vibrato NDP 数码前级 / 耳放，100 级的音量仍然要开到 75，不过已经可以有效驱动 SUSVARA，即使朱哲琴的《阿姐鼓》也没问题，电子低频汹涌澎湃但依然清晰通透，强

是藏在家里还是放在办公室，保证都能让客人惊讶得哑口无言。第一次听到 SUSVARA 耳机的人可能觉得很中性，很自然而已，老烧友却知道这正是它了不起的地方 !SUSVARA 耳机表现任何音乐都异常活生，将音场内所有该听到的以及过去鲜少听到的细节通通真实呈现，它有一种非常通透的透明感，可将音乐画面所有的微小细节都表现出来，却一点都不显刻意。SUSVARA 同时也是 HIFIMAN 包装非常漂亮的平板耳机之一，附赠一本印刷精美的册子，上面详尽介绍 SUSVARA 技术上的突破，同时配上维也纳金色大厅、纽约大都会歌剧院、圣彼得堡马林斯基剧院、巴伐利亚国家歌剧院的图片，干脆地告诉你，戴上这副耳机就能直通世界最有名的音乐圣殿。

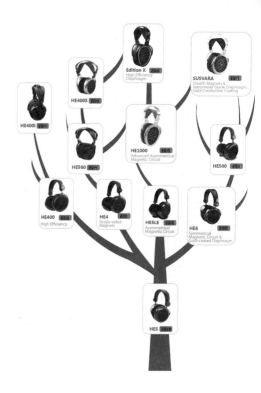

细节毫发毕现，瞬间动态澎湃）。观察这几年 HIFIMAN 的发展轨迹可以发现，有段时间平板耳机追求高灵敏度——以 Edition X 为代表（灵敏度 103dB），SUSVARA 则回归初代旗舰 HE6 的构想，宁可放弃灵敏度也要换取更好的频宽与动态、更生动自然的声音表现。

●整体声音表现"无敌"。静电耳机如 HIFIMAN 的香格里拉、森海塞尔的 HE-1，或者 Stax 的 SR-009，都能做到自然、透明、有力又不失细腻的声音表现。静电耳机飘逸的极高频延伸舒适自然，小提琴高把位演奏时，那种能量感能让人为之振奋。得益于静电耳机一贯的高分析力，在重放大动态曲目时，既能保证各个乐器有条不紊，同时又能做到气势磅礴，低频宽松有弹性又具备足够的下潜。这三副静电耳机旗舰产品各有拥簇，播放古典音乐均毫无压力，但像 Pink Floyd 乐队的《迷墙》，三者都会窘态毕露。原因是 Pink Floyd 乐队属前卫摇滚，夸张得近乎疯狂的乐器演奏、怪异的大段落回收音、刺耳的电子音效和诸如剧烈的心跳、大脚步等方法制造出的超现实音响效果，要创造出迷幻般的听感，音量一定要够大，低频一定要够多，动态一定要够强，

这些都是静电耳机的极限。从这个角度来说，可以很好表现《阿姐鼓》的 SUSVARA，已经超越所有静电耳机，包括 HIFIMAN 自家的香格里拉！

原本以为动圈耳机之王 FOCAL Utopia 能媲美静电耳机的透明度与分析力，又有静电耳机所欠缺的强悍低频与冲击性，可以取代我对香格里拉的思念。直至 SUSVARA 耳机到手之后，我才发现一山还比一山高，FOCAL Utopia 有的优点 SUSVARA 都有，而且 SUSVARA 在轻松流畅、对整个空间感的表现、乐器乐队位置的结像、微弱瞬态方面的表现都达到了非常精准的水平，也是前所未有的水平。FOCAL Utopia 表现虽佳，但它时时刻刻在提醒"我是一个耳机"，使用 SUSVARA 时却很容易忘记耳机的存在。表现古典音乐时，FOCAL

Utopia 勾勒出的音乐厅形状很完整，纵向声场略逊于左右宽度。它的结实饱满带来极高密度感与质感，节奏起伏的刻画是拿手好戏，柔美温情则略显不足。SUSVARA 的声场宽度与深度俱佳，很容易就能勾勒出音乐厅的形状，整体声音毫无压力，敏锐的速度反应带来逼真的现场感，非常丰富的细节与袅袅空气感仿若歌唱者就在眼前。除了极大动态与极低频

能量外，SUSVARA 足以让 FOCAL Utopia 拥有者懊恼顿足，我自己就是其中一个！

SUSVARA 原来计划命名为 Edition 6。HIFIMAN 研发团队认为它的表现已经超过 HE 系列和 Edition 系列，是平板耳机的"新长城"。就拿同厂的 HE6 与 HE1000 来进行比较，HE6 同样很难驱动，几年前耳放的选择性不如今天多样，所以 HE6 被忽略了，而我觉得它一直是 HIFIMAN 的经典之作。即使在驱动不是很到位的情况下，HE6 的综合表现也已经令人刮目相看，播放交响乐时细腻度和饱满度甚至都在森海塞尔 HD800 之上，音色更为悦耳，仅仅在声场宽阔度上略有不及。HE6 的最强大的地方是其"3D 感"，我们不仅听到声场的宽度、深度，声场内的乐器结像也很立体，人声有血有肉，弦

乐在空间内是有厚度的一团而不是一片。

到了 HE1000，90dB/35Ω 的灵敏度使驱动再也不是难题。纳米级振膜的运用在中高音的通透度、细节呈现、瞬态反应方面大有进步，最明显的是宽松感的提升。精准的结像和优秀的声场为每件乐器和人声都带来了绝对准确的定位和形体感，而大面积振膜让它不论是低频的包围感、动态的响应速度还是弹性方面都非常出色。不过，HE1000 在美化中高频的同时，比 HE6 拥有的厚重沉稳感削弱了。HE6 在良好驱动时更像是一对优质的音响，而 HE1000 仍然是

耳机。

关于 SUSVARA，国外评论说它的声音像是把 HE1000 和 HE6 以最好的方式结合在一起，并加上一些神秘的润色。SUSVARA 是一副没有频响缺陷的 HE6，也是一副没有轻柔水样高音的 HE1000。事实上，SUSVARA 与 HE1000 或 HE6 都不同，它拥有后面二者的所有优点，又感觉不到明显的缺点。从测试上分析，SUSVARA 的频响在 1kHz 以下完全平直，低频干净清晰不夸张；1.8kHz 处有一个波谷，让它的中频有距离感又无侵略性；8kHz 有个小波峰，听流行音乐时唇齿音比较明显，古典音乐则毫无影响。再看 SUSVARA 的瀑布图，只在 4kHz 左右略有延迟，其余全频段干净得令人吃惊，有机会看看 ABYSS AB-1266 耳机的测试图，你会讶异 SUSVARA 简直就是神奇！

SUSVARA 把平板耳机输给静电耳机那一点点高频生硬感完全除去了，而高频的细节、层次、动态等各方面也差不多能与静电耳机平起平坐。如果用娇柔妩媚的"大小姐"来形容静电耳机，SUSVARA 就是比"大小姐"更活泼有朝气的"闺蜜"，一样的知书达礼，一样的气质出众。SUSVARA 有更广阔的适应性与更

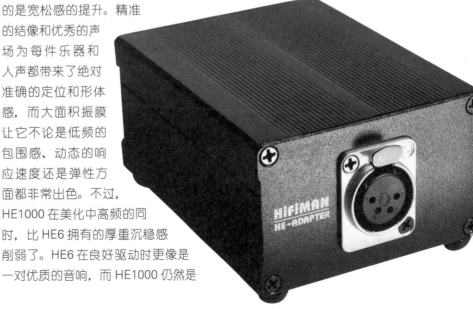

拟真的声音表现，搭配输出100W的 Vibrato Model One 解码/合并功放推动，又像是练了武术的"大小姐"，女红刺绣照样完美。除了柔和飘逸感，从容和通透感、微小细节和巨大动态的表现力，SUSVARA 都能让人拍手称赞。有了 Vibrato Model One 解码/合并功放的搭配经验，我

最后要强调，市售的耳放大都很难让 SUSVARA 释放所有潜力。中国香港展会上 SUSVARA 用一部 Densen(丹麦王子) 合并功放驱动，显然搭配不成功，如果有机会买下 SUSVARA 耳机，请用"门当户对"的功放来搭配，它给你的满足感与兴奋感将远远超过《王者荣耀》！

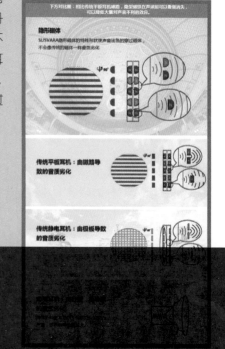

涟漪般美妙的旋律
FiiO F9 三单元金属涟漪圈铁耳机

仿生学，是一门既古老又现代的学科，同时也是一门模仿生物的特殊本领、研究和利用生物体的结构与工作原理，并根据这些原理发明新的设备、工具以及科技，创造出适用于生产、学习和生活的先进技术的学科。确切地说，仿生学是研究生物系统的结构、特质、功能、能量转换以及信息控制等各种优异的特征，并把它们应用到技术系统，改善已有的技术工程设备，并创造出新的工艺过程、建筑构型、自动化装置等综合性科学。根据相关资料显示，仿生学这门学科正式诞生于1960 年，美国的斯蒂尔将这门学科命名为"Bionics"，希腊文意为研究生命系统功能的学科，我国在1963

年把"Bionics"译为"仿生学"。从生物学角度来看，仿生学属于应用生物学中的一部分，而从工程技术方面来看，仿生学根据对生物系统的研究，为设计和建造新的技术设备提供了新原理、新方法以及新途径。

最近，一家以自主研发及生产无损音乐播放器、耳放和耳机等多种便携式音频产品的品牌公司——FiiO，新发布了一款运用仿生学理念所设计的，名为F9 三单元金属涟漪圈铁式耳机。F9 外观设计灵感来源于水波纹，把耳机外形设计成涟漪状线条，仿若水珠滴入平静的湖面而泛起阵阵的涟漪，既时尚又恰似美妙醉人的旋律于心间荡漾。F9 不仅在外观上带来独特的视觉冲击，还可以确保内部

空间结构完全符合声学的合理性。耳机外壳的涟漪状设计所形成的加强筋，在保证强度的同时又可以最大限度地使用内腔体，从而有效消除内部共振驻波。而加强筋在结构设计过程中，可能出现结构件悬出面过大，或跨度过大的情况。

F9 在内部设计突破了小体积耳机的结构限制，结合了动铁单元的高分析力以及动圈单元的自然与宽松声音效果等优点，在小巧玲珑的腔体中内置一个动圈以及两个动铁共三个单元，并采用了平行放置方式，在有效利用空间的同时完美地解决声音衔接问题。其中，动圈单元采用PEK高分子纳米复合振膜，其具有韧性强、速度快和质量轻的特点，单元直径达

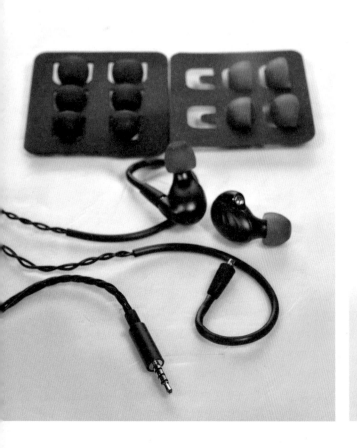

9.2mm，在单元驱动中主要负责中低音频的输出。另外，采用的两个动铁单元则负责高频与极高频的输出。圈铁单元混合搭配的方式，呈现出更高低频下潜能力与声音分析力。

在技术上，F9采用物理学中声学双分频的设计，动圈与动铁单元可以完美衔接，有效实现高、中、低三个频段精准分频，频响范围在15Hz~40kHz。同时，F9通过了Hi-Res Aduio认证，其高频段可以延伸至40kHz，从而带来更完整、精准的解析力以及声音还原效果，获得更自然、更逼真的听觉体验。F9外壳为铝合金属材质，通过CNC工艺、手工精心打磨、挑选、喷砂以及阳极氧化等多重工序，彰显时尚典雅外观，具有肌肤般顺滑细腻的触感。为了符合人体工程学的标准，飞傲对F9做

了多次测试和实物打样，佩戴方式采用绕耳式的佩戴设计，以及45°斜角入耳式佩戴方式，有效提高佩戴的舒适感，即使长时间佩戴也轻盈自在。另外，F9耳机配备2.5mm平衡耳机线以及3.5mm带线控功能的耳机线。2.5mm平衡耳机线为5N无氧铜镀银材质四芯缠绕编织而成黑色线材，而3.5mm单端线则为漆包同轴线芯，外层为黑色外皮TPE（热塑性弹性体）材质，质地柔软，经久耐用。

在声音表现方面，F9表现出很好的自然感，各频段表现轻松、自然，当聆听人声演绎时，能感觉到演唱者所流露出的少许甜蜜感情，既宽松又显得自然，并伴随着不太过分的齿音，声音结像表现精准；在背景音乐的烘托下，中频与低频间的过渡有着相当

舒适的流畅感；低频具有一定的下潜深度，因高频部分由动铁单元输出，所表现的瞬态响应也十分明快，延伸性也恰到好处。接着，聆听爵士乐作品，键盘乐器表现出丰富的质感，爵士鼓敲击的瞬间所带来的音乐节奏感强烈，在众多乐器合奏下，音乐细节同样显得清晰、自然，还有着不错的泛音以及动态表现。另外，在聆听小提琴协奏曲时，F9表现出相当华丽的情感，既自然又宽松，没有产生一点压抑或声音紧凑感，在微微的温暖味道中展现出小提琴如丝般的质感。

F9三单元金属涟漪圈铁耳机，既有着动圈单元宽松自然的声音风格，又有着动铁单元高分析力以及丰富的细节表现力；同样让人印象深刻的还有其独特的外观造型设计，彰显极具视觉的魅力。

带你进入浪漫的世界
法国 FOCAL Elear 耳机

●阻抗：80Ω
●灵敏度：104dB
●总谐波失真：<0.3%
●频响范围：5Hz~23kHz
●单元：40mm 铝镁 M 形半球顶单元
●质量：450g
●耳机线长：3m
●插头：6.35mm 立体声插头 /3.5mm 插头

法国是浪漫文化的汇聚点，所推出的产品同样存在着浪漫的元素。法国 Hi-End 扬声器品牌 FOCAL 一直以生产毫不妥协的高品质耳机为己任，经过多年耳机产品的研发，于 2016 年推出了旗下两款 Hi-End 级头戴式耳机产品——Utopia 以及 Elear。FOCAL 推出耳机产品已经不是新鲜事，之前推出多款系列型号耳机产品，耳机类型包括头戴式耳机以及便携入耳式耳机，型号包括 Listen、Sphear、Spirit 等。Utopia 耳机被誉为"耳机界中的法拉利"。Utopia 定位为参考级耳机，并融入了众多顶级技术精华，首次搭载新研发

的 40mm 铍振膜耳机单元。铍这种金属材质质量较轻、硬度高，同时，由于其价格较昂贵、生产制作过程复杂且具有较高的危险性，以致生产过程中的每一道工序都需十分严谨，而且每一道工序的质量监管同样需要十

分小心。与其他材质相比，铍所制作的振膜单元更为优质，因此 Utopia 耳机推出后，深受各耳机发烧玩家高度关注。

精致的内在表现

随后，FOCAL 推出了另外一款耳机产品，型号为 Elear，定位主要针对高端市场。Elear 耳机受到 Utopia 耳机的灵感激发，设计理念延续了 Utopia 耳机的精华所在，以追求极致的音效为目标，耳机自身同样配备了多项 FOCAL 的创新技术，也是全球首款全频、全开放式内置扬声器的耳机产品。Elear 耳机的设计、研发及制作都在法国本土完成，法式浪漫的声音线条勾勒出优美且典雅的轮廓。在配置上，它采用了 FOCAL 特别研发的铝镁混合 M 形凸盆全音域单元，铝镁合金材质所打造的振膜，

边缘有着极深的褶痕，起强化振膜结构的作用。同时，为了让 Elear 耳机有灵敏的响应速度，以呈现出清晰明了的细节表现力，在音圈制作方面，它采用了单面涂层设计。音圈直径达 25mm，高度则有 4mm，口径以及高度比一般耳机中所使用的音圈都要大，但在制作上做到比这些音圈质量更轻，让 Elear 耳机单元响应速度更快，有更好的磁力控制。新的单元配置延续了 Utopia 耳机的研发技术，具备高质量以及大震撼音效的同时，又避免了潜在失真的情况，从而实现精准的声音还原。

Elear 耳机依旧采用了 Utopia 耳机的开放式设计，换能模式为动圈式。据资料显示，目前市面上所零售的耳机产品都采用此模式设计，原理类似于普通的音响扬声器单元，由处于永磁场中的线圈在信号电流驱动下带动振膜响应，从而发出声音，性能可靠。同时，它采用开放式的设计，没有与外界隔绝的感觉，声音可以向外泄露，反之，用户同样也可以听到外界的声音。如果耳机开放的程度较高，用户可以听到另一边单元发出的声音，形成一定的互反馈，使听感上显得更宽松与自然。

细致的外观设计

Elear 耳机采用有记忆性的柔软海绵，外层再以绒布包裹制作耳罩内侧，头带与耳罩之间的悬吊结构厚度仅有 80mm，再加上头带使用真皮材质以及超细纤维作耳垫；同时耳罩具有一定的倾斜度，从而使佩戴体验提升，也让耳机玩家充分享受 Elear 耳机所带来的那种愉悦感。耳机支架采用的是机械式设计，其中支架转轴设置了弹簧功能，为了在不受外力时支架可以自然回到原始位置。整体支架表面极为顺滑，这得益于纯铝合金材质。耳罩外壳使用铝材质网状结构作保护层，并且带有一个由圆形铝材质打造的 FOCAL 标志。Elear 耳机配备了一根长度为 3m 的可拆卸式 Y 形音频信号连接线，方便各耳机玩家根据个人不同需求更换不同音频信号连接线，而连接耳机单元端使用了 3.5mm 插头，连接音频信号源输入端则使用了 6.35mm 立体声插头。

浪漫的声音表现

相信有很多耳机发烧玩家都试听了 FOCAL 旗下 Utopia 以及 Elear 两款耳机产品，同时对两款耳机的声音表现留下了深刻的印象。两款耳机虽然来自同一品牌，但是其声音表现各有特色，也可以说是能给人带来惊喜的声音表现。聆听《Titanic》的主题曲，整首作品以 E 大调为主调，一小段细腻自然的爱尔兰锡笛在钢琴伴随下奏响歌曲的开端，接着引出 Celine Dion 感性而迷人的声线，副歌中缠绵悱恻的高潮部分，Celine Dion 的高音唯美尽显，呈现出一丝亮泽，恰到好处的低音效果使整首作品原本带着凄美动人的氛围更趋感染力。由小提琴家林克昌演奏的《杜塞尼小夜曲》，经过 Elear 耳机所发出的小提琴音色宽松自然，温暖如初日，弦的摩擦声质感十分强烈，高频处的泛音丰富，乐曲旋律所带来的韵味更是生动活跃。

总结

用于 Elear 耳机的所有材料均经过仔细甄选，外部结构采用轻量化设计，以减轻耳机整体质量。在触感上，Elear 不仅带来了柔软且舒服的感觉，设计与制造上也采用了多项 FOCAL 的创新技术。不管是 Utopia 耳机还是 Elear 耳机，其设计与制造都充分展示了 FOCAL 的制造理念 —— 将高端化具体到每一处最微小的细节中。

它完全颠覆了我对耳塞声音的认知

爱特康 H80 人声版与交响乐版入耳式耳塞试听有感

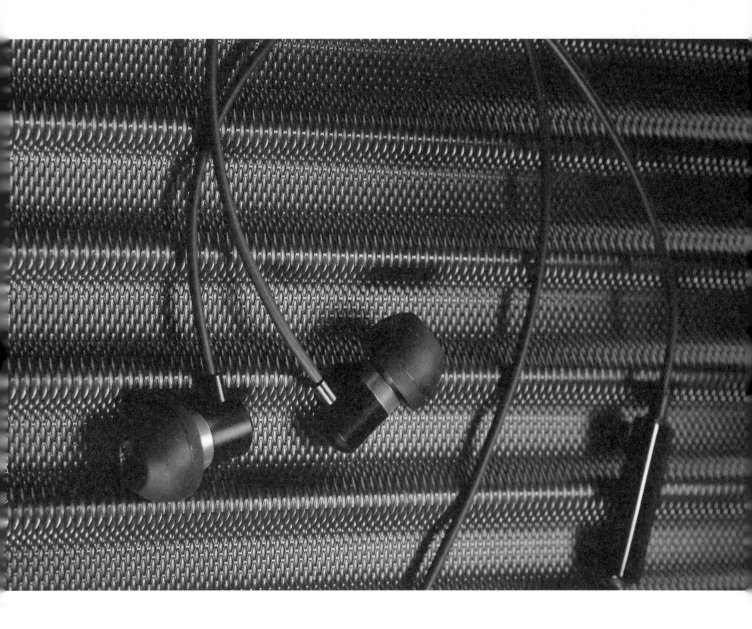

超小单元

H80 入耳式耳塞（人声版）是深圳市爱特康科技有限公司于 2016 年下半年设计上市的一款产品。

H80 入耳式耳塞（人声版）使用直径只有 6mm 的超小型驱动单元，配有高精密的声学优化金属腔体，使用高纯度的硅胶垫，极大地提高了佩戴的舒适感。体形小巧或许可以令佩戴更加舒服，但同时它对加工精度的要求也会更加苛刻。

H80 入耳式耳塞（人声版）使用高级的镀金插头和专业级的音频线材，不仅确保了音乐信号的稳定传输，而且要比普通产品更加耐用。

试听准备

1. 每天用电脑连续煲机 10h 以上，连续煲机超过 60 天。

2. 试听音源包括：华为 P8 Max 手机、联想笔记本电脑、索尼 PCM-D50 数字录音机，最终以索尼 PCM-D50 录音机作为试听参考音源。

3. 试听参考耳机包括：SONY（索尼）MDR-E888SP 耳塞、SENNHEISER（森海塞尔）HD414 耳机与 GRADOLABS（歌德）SR125 耳机。

4. 试听耳套选择：中型耳套。

5. 试听音乐包括：人声、室内乐、协奏曲、交响乐等。

声音特点

1. 音质细腻：无论听人声、弦乐，还是交响乐，音质都非常细腻清纯，即使在大动态、大音压下 H80 依然保持细腻清纯的声音特质，且绝对不会出现诸如变调、上仰等失真、刮耳的现象。

2. 音色纯正：播什么像什么，无论是男、女人声，还是乐器声，H80 基本上能真实、准确地再现。

3. 平衡性好：高、中、低频的量感分布平衡、衔接也很自然，耳塞虽小，但底盘相当的扎实和丰满，真不像是如此细小的耳塞所发出的声音，基本上以全音域的声音方式对各种类型的音乐进行重播再现。

好！很好！非常好！

曾经被誉为一个时代"耳塞王"的 SONY MDR-E888SP 耳塞，现在听起来虽然它的中频和中高频声音表现都不错，但中低频以下的声音表现就不尽如人意了，明显不够平衡和连贯，下盘缺失严重。再来听森海塞尔 HD414 耳机，虽然它是耳机，但发声单体要比耳塞大很多，整个声音的丰满度与下盘的扎实度都明显不足。只有 GRADOLABS SR125 耳机的表现可谓真实、从容、大气，尤其是低频的弹性与包围感要略胜一筹！然而，我可以说，这款 H80 入耳式耳塞（人声版）已有 SR125 耳机八成多的声音表现了，真是令人欣喜！

设计制作一款耳塞（或耳机或音箱）要想做到"音质纯、音色正、平衡性好"，真的没那么容易！

H80 入耳式耳塞（人声版）的声音基调很温暖、平稳，中频上段与高频的表现更是令人惊艳，无论播放何种类型的音乐，均不会出现变调、上仰的声音情况，故其耐听性与舒适性大增。H80 入耳式耳塞（人声版）的声底比较中性、干净，毫无做作之处，故我们听到的更多是音源本身的原音再现。基于此，H80 还原的音乐就有一种真实、朴实的自然美感。H80 入耳式耳塞（人声版）用来听人声很对味、很过瘾！

细腻清晰与厚润宽松

在 H80 入耳式耳塞（人声版）上市半年后，爱特康公司又推出了 H80 入耳式耳塞（交响乐版）。两款产品的外观与大小基本一样，据厂家资料介绍，H80 入耳式耳塞（交响乐版）是在上一代产品的基础上推出的新产品，该产品采用了更优质的扬声器系统，在整个工作频率范围内，幅频响应特性得到进一步优化，产品的音乐重放效果得到了更好的提高。

H80 腔体采用加工要求极高的铝合金材料、反复优化后的声学结构；腔体内部采用独创的调音材料和调音技术，以确保音质的纯净和真实，综合性能指标已达到高端进口产品的技术标准。

通过试听比较，两款产品的声底与声音走向大致如下。H80 入耳式耳塞（人声版）声音表现音质细腻、清晰、透明；质感好、细节多；声音的密度高、动态大、有冲劲；乐器与人声的分离度高，很容易听得出人声与伴奏乐器；低频表现得凝聚有形且富冲击力，但声音或动态大时多少有一些顶耳。H80 入耳式耳塞（交响乐版）声音表现更加宽松、温暖、厚润、舒缓，尤其是低频的表现不但更加宽松，也能化得开了，耐听性大大增强，且用更大的声压长时间去聆听音乐也不会觉得有压力，但形体感有些虚散。由于其表现中频更加厚润，声音更加宽松，因此更适宜表现大部头的交响乐。

总结

H80 入耳式耳塞（人声版）声音表现细腻、清晰，听人声时会觉得有味道、很过瘾，但低频如果能

再宽松一些，中高频再丰润一些就完美了……

H80 入耳式耳塞（交响乐版）声音表现厚润、宽松，听交响乐时会觉得没压力、很舒适，但声音的通透度与乐器的分离度稍弱，低频有弹性且能化得开，然而其力度表现与形体感的再现则略显不足……

虽然两款产品的声音表现有所不同，但是整体来说两款产品都是属于"全能型"的产品，无论是人声还是交响乐都能胜任。最后还需要强调两点：一是刚开始佩戴时需要有一个适应的过程，尤其是 H80 入耳式耳塞（人声版），只有把整个耳塞全部塞入耳道，感觉与外界的声音基本隔离时，中低频与低频的延伸与量感才能十足地展现出来；二是即使两款产品的声音都已完全煲透了，每次聆听时还是需要热机的，只有在连续听 15min 之后，厚润、平衡、大气的声音才能完全呈现出来。

全新的耳塞声音认知

通过对 H80 入耳式耳塞的试听，我实实在在地看到了国产音响产品在技术层面与人文领域的巨大进步！我不太清楚这款 H80 入耳式耳塞在校声时所使用的参考器材，以及设计师的背景等情况，但以我有限的音响阅历，H80 入耳式耳塞是我听过的声音表现最为全面、平衡、舒适、耐听的一款产品！

前面说过了，H80 入耳式耳塞让我第一次有了"用耳塞也可以完整地去欣赏大部头古典音乐"这种全新的感受！它也完全颠覆了我对耳塞声音的认知！

Unique Melody Mentor V3 入耳式耳塞

活生自然的入耳"贵族"

- 灵敏度：108dB/mW
- 耳机发声单元：动铁
- 阻抗：22Ω
- 频响范围：20~30000Hz
- 颜色分类：黑色
- 佩戴方式：入耳式
- 耳机类型：有线、不带麦
- 插头直径：3.5mm 直插型
- 耳机类别：定制化 Hi-Fi 耳机
- 保修期：24 个月（全国联保）

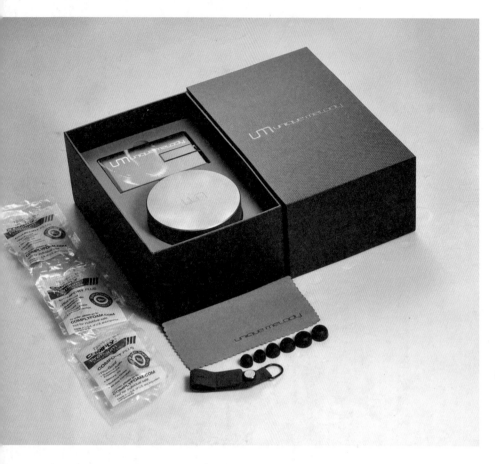

耳式耳塞定制化源于舞台上音乐人监听的需要，要求有极致的隔音性能、准确的音准和音色，加上需要配合光鲜亮丽的演出，因此定制耳机渐渐成为音乐人彰显个性的道具。正因如此，大量的乐迷们也跟随音乐人的足迹，关注着定制耳塞的发展。

由于技术更新快加之国内演艺市场蓬勃发展，国内几个专注于定制耳机领域的品牌在国际市场上拥有极高声誉，其中珠海声浪科技的 Unique Melody（以下简称 UM）属于"墙外开花墙内香"的代表作之一。UM 是国内成立时间很早、历史很久的高端定制耳机品牌，自 2007 年至今已有十多年的技术积累与沉淀。UM 涵盖多单元动铁、多单元动圈、多单元圈铁、电子分频、骨传导与压电陶瓷、小静电、小平板、高端蓝牙耳机，是定制耳机中的领导品牌。大家留意到了吗？UM 在 2017 年 5 月推出了国内首款自主研发的平板振膜入耳式耳机 ME.1，相比常规的锥盆动圈式单元，平板振膜耳机的声音表现很有特点。更令人惊喜的是，这款 ME.1 标准版（公模）平板振膜耳机参考售价仅为 4990 元，厂商提供定制服务，定制版参考售价为 6990 元，是不是有心动的感觉呢。

在创立 10 周年之际，UM 推出了两款高端新品 Mason V3 和 Mentor V3 耳塞，均提供高端定制和公模版选择。这次试听的 Mentor V3 耳塞是 Mentor V2 的升级版，Mentor V2 是动铁 10 单元设计，V3 则升级到 12 单元，而且插针、耳塞线都更换为全新设计。耳塞上增加特制调音器，并且采用变色壳体，变色壳体在 31℃ 以上变成黄色，温度再升高就会变成红色，更彰显个性。Mason V3 和 Mentor V3 都可以定制耳塞外壳颜色，而且不仅限于定制款，连公模产品也可以指定颜色，无须额外加收费用，可以说是十分贴心了。可见，从 V2 到 V3 不是小小的改动，而是巨大的升级。

UM Mentor V3 耳塞采用全动铁单元设计，动铁单元体积极小，因此能够在小巧的耳塞腔内布置数量众多的单元，比如更高档次的 Mason V3 就采用了惊人的 16 单元，而 Mentor V3 则采用了 12 单元。V2 为 10 单

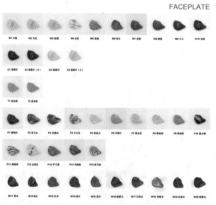

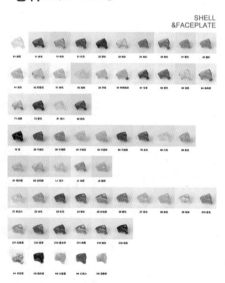

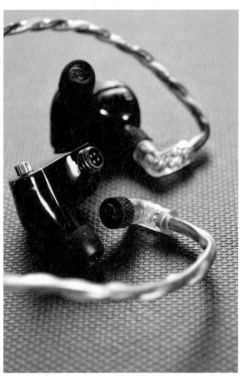

器可调校得宽松绵软，可玩性极高。我很赞赏 Mentor V3 重播交响乐时对低音乐器塑造的形态，那丰满而线条清晰的群奏感，能将《狂想曲集》重播得宽厚深沉。而高分析力下层层叠叠的定位感，令音场宽阔而充盈，甚至能清楚分辨出定音鼓擂动的高音和鼓点力度，清脆的三角铁和碰铃余韵悠扬，空间感满溢。这样像真度极高又活生自然的声音表现，即使公模版并不太适合我的耳形，我也无法抗拒地一直听下去，直到夜深人静依然全无倦意，思想仍停留在音乐的震撼之中。

元的三分频设计，每只耳机内有低音和高音驱动单元各四只，中音单元两只，频响 20Hz~20kHz。而升级版的 Mentor V3 则采用了四分频设计，12 只单元分别是低音和高音各四只，中低音和中高音各两只，阻抗从 V2 的 29Ω 降低到 22Ω，超高频的响应也提升到 30kHz，灵敏度从 106dB 提升到 108dB，失真率从 1.3% 下降到 0.7%，一系列的改变证明增加了单元的 V3 其实比 V2 更容易驱动，声音也更好。除此之外，每个耳塞都增加了一个特别设计的 dB-Go 调音器——外壳上可以拧转的金属帽，可调节 20~100Hz 的低频响应，转动 0°~180° 后低频响应会有改变，并且语音的漏音特性大大得到改善。

另外，V3 的耳机线改为 8 芯 6N 单晶铜银混编线，耳塞插针从传统 2-pin 升级到牢固耐用的带锁紧装置的 4-pin 金属座。这款线的混编并不是银线和铜线一起工作，而是形成了双通道，可通过更换插线的方向选择左右插针互换，实现铜线和银线切换

使用，因此只需一副线就可实现两种声音表现。从听感上来说，若以铜线为主线，银线为地线，则声音更加醇厚；若以银线为主线，铜线为地线，则高频更加通透。使用 V3 时，用户可根据不同的音乐类型和聆听喜好切换不同的线材组合方式，以达到理想的聆听效果，是不是觉得花一副耳机线的钱买两个耳机呢。

事实上，用 Mentor V3 搭配其他播放器和耳放，都能得到出色的重播效果。比如搭配 Echobox Explorer X1 小酒壶，那如同静电扬声器般通透的全频音色，细腻又丰满的细节分析力，令音乐呈现出丰富又自然的情感。比如搭配被业界誉为"高颜值"代表的山灵 M3s，音质更厚暖柔美，无论重播《梁祝》《辛德勒的名单》等缠绵的弦乐，还是醇厚松软的《蔡琴老歌》、Nana Mouskouri 的《Jump in the Line》，Mentor V3 的呈现都是非常到位且入味的。

另一方面，Mentor V3 的低频可以说是拳拳到肉，通过 dB-Go 调节

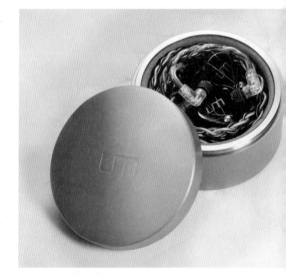

改写动圈单元的历史

HIFIMAN RE2000 发烧级
入耳式耳塞

- 频率响应：5Hz~20kHz
- 阻抗：60Ω
- 灵敏度：103dB
- 单元直径：9.2mm
- 单元类型：动圈单元
- 外壳：24K电镀真金
- 线材：单晶铜镀银发烧线材
- 振膜：HIFIMAN 拓扑振膜科技

近两年，HIFIMAN 总在不断给我们制造惊喜。从 HE1000 开始，HIFIMAN 无论在外观设计水准、振膜驱动技术应用方面，还是声音素质表现方面，都开创了国产品牌耳机的新时代，一跃成为高端耳机领域的领跑者，边仿博士的多年努力硕果累累。从 HE Edition X、HE1000 V2、HE Edition X V2 到平板耳机新旗舰 SUSVARA，以及静电耳机旗舰香格里拉，一波接一波新品极尽吸睛之势。除了在大耳机领域攻城拔寨、屡攀高峰外，HIFIMAN 这次推出的 RE2000 旗舰级耳塞令人眼前一亮，意欲凭借大耳机之势，开拓高端耳塞市场。

2007 年，边仿博士在美国纽约留学期间创立 HIFIMAN 品牌，同年就发布了 RE1、RE2 耳塞。多年过去了，HIFIMAN 也曾推出其他耳塞产品（不包括 RE2000 和 RE800），以往的某些型号也曾引起业界和市场的热烈反应。比如在 2013 年推出的 RE600，采用自行研发的直径 8.5mm 镀钛振膜和钕铁硼驱动磁路，灵敏度高达 102dB，不但易推，而且采用平衡接线设计，连线材都采用单晶铜银复合线，上市之后大受好评。在产品往高端路线走的同时，HIFIMAN 也不忘开发高素质的入门产品，比如 2014 年发布平头塞设计的 ES100，2015 年发布的 RE1000 都曾引起热潮。HIFIMAN 一直以来在耳塞领域的努力我们是能感受到的。

作为平板耳机的领导者，HIFIMAN 在产品中划时代地使用了纳米技术，使产品的性能达到了同类产品标杆的水平。但以往 HIFIMAN 耳塞的影响力却一直不如其在耳机领域的影响力，直到这次 RE2000 的出现。RE2000 从制造工艺到振膜材料，都堪称同类产品中的佼佼者。RE2000 为入耳式耳塞，但硕大的耳机本体却有别于大部分的耳塞，这是因为 RE2000 是单一动圈式振膜设

计，振膜直径9.2mm，因此需要预留足够容积的内部腔体用作调声。这种设计与时下流行的多单元动铁分频设计背道而驰。RE2000硕大的耳机腔体使用黄铜制造，并且经精细打磨后镀24K金，磨砂的金色外观上再镶嵌黑色外盖，H字样的标志是HIFIMAN的独特象征。然而，HIFIMAN认为选用黄铜制造腔体并非只为了美观，更多的是从微观声学调声的角度出发，黄铜具有适合的阻尼特性和共振特点，因此成为理想的腔体选材。这个观点在Hi-Fi音响领域也得到印证，比如很多品牌设计滤波电源产品时，都喜欢使用黄铜材质，就是取其谐振控制性能优异的特点。

不只是外观上的突破，RE2000更是内有乾坤。众所周知，多动铁单元之所以渐渐取代单动圈单元，成为高端Hi-Fi耳机的主流，是因为动铁单元频响特性好、分析力高而且容易驱动，多单元的使用又能很好地克服动铁单元声音密度感不足的问题，在耳机设计上动铁的可塑性更强一些。但和音响分频设计一样，多单元一些固有的问题要解决起来并不轻松，比如分频点的衔接、相位偏移等，都非常考验设计师的调校功力。

HIFIMAN之所以依然坚持以动圈技术开发旗舰级耳塞产品，自然有其独到之处。其中最大的卖点是RE2000采用堪称创新黑科技的拓扑振膜技术。何谓"拓扑振膜"？简单说，这是一种在表面做特殊镀层处理的振膜，技术原理来自于HIFIMAN近年开发一系列高端平板与静电耳机的丰富经验。镀层分布呈特殊几何构形，根据不同的音色需求，调整镀层的配方、厚度与几何形状，达到调整声音的目的。拓扑振膜的灵感，来源于"不同纳米材料结构不同，材料特点也不尽相同"，边仿博士受其启发，想到不同的振膜表面结构对声音有不同的影响。而HIFIMAN也掌握了其中的奥秘，调校出真实和美感兼具的声音。通过拓扑振膜技术，HIFIMAN制作出接近理想形态的产品，解决了普通动圈耳机分割振动严重、频响失真较大的问题，且不会出现动铁耳机因声波在单元内部发生多次反射、折射带来严重的相位失真、声场过小的现象。精心调声的过程包括耳机线的选择，甚至插头的选择，HIFIMAN很早之前就选择采用单晶铜和银混合绞合线材，以获得高低频的平衡和鲜活的音质。RE2000还采用可换线设计，附送两对端子供有兴趣的玩家改装之用。除了配套的非平衡线，HIFIMAN还附送价值1269元的平衡耳机线一条。另外，RE2000选用的日本Oyaide（欧亚德）L形3.5mm插头也具有相当分量，扎实好用。从平板耳机到拓扑振膜的延伸，可以说是水到渠成，顺理成章。

手上拿着这款设计与工艺精美的万元级耳塞，试听的过程当然不敢怠慢，前后一个多月的时间我为RE2000搭配过多款前端器材，包括：小米Note手机，千元级的播放器：HIFIMAN Mega Mini、山灵M3s、FiiO X3 MK2、4000元级的HIFIMAN HM802S、5000元级的Echobox Explorer，当然还有当时最热的万元级"巨星"英国Chord Hugo2。除此之外，我还给RE2000搭配过美国ModWrigh HA-300功放耳放，以及北京羽商Classic NO.11.2耳放，全方位了解RE2000的声音素质和搭配适应性。

RE2000的阻抗为60Ω、灵敏度为103dB，理论上有点实力的便携设备都能推得动，但容易推并不等于就能推好，小米Note手机采用ESS9018DAC芯片，还具有独立Hi-Fi耳放线路，驱动力对于RE2000刚刚够而已，听女声时呈现清丽的音质，细腻之余而甜美的韵味不足；听男声时同样有这样的倾向，演唱者声音显得直白而少了深沉。可以感觉到小米Note推RE2000在中频方面的音色算得上是中性无音染的，聆听弦乐也有同样的感受。而高频细节和泛音方面，此时的RE2000表现出不错的细腻感，明亮通透但欠缺润泽感，而显得比较直白；低频同样有速度和线条感，但欠缺深沉的饱满感，虽然可以获得足够的声压，但是重播较复杂、大动态的音乐时就欠点内劲了。因此，小米Note搭配RE2000虽然音质和通透感都能接受，但不太适合重播大部头音乐，作为差旅轻松聆听尚算不错的选择。同时，这也印证了RE2000其实并不算难驱动，即使拿一部够实力的音乐手机搭配起来也能得到不错的听感。

换上三款千元级播放器：HIFIMAN Mega Mini、山灵 M3s、FiiO X3 MK2，分别搭配 RE2000，重播相同的音乐，格式既有从 CD 抓轨得到的 16bit/44.1kHz WAV 格式，又有 DR 达人艺典的 MQS 24bit/96kHz FLAC 格式，以及 RR 唱片的 24bit/176.4kHz HRX 格式和从 SACD 抓轨得到的 DSD128 数码流格式。先说与 HIFIMAN 同厂的 Mega Mini 吧，这款小巧的播放器驱动力还是蛮大的，驱动 RE2000 显然比小米 Note 手机更有余量一点，尤其是重播大部头管弦乐时的从容感和密度感都更佳一些。而 Mega Mini 的高频略低，因此音质显得平淡中不乏有一丝的敦厚感；重播流行音乐和爵士乐则更耐听，低频更厚实；重播管弦乐则较有规模感。但可以感觉到，RE2000 的真正实力还远未呈现出来。假如你不满足手机的播放效果，而又希望外带音乐播放器足够轻便，HIFIMAN Mege Mini 无疑是一个好选择。

搭配近期大热的两款入门级播放器山灵 M3s 与 FiiO X3 MK2，为什么把这两款播放器与 RE2000 的搭配放在一起讲呢？原因是这两款播放器在功能方面旗鼓相当，均具备 3.5mm 非平衡输出和 2.5mm 平衡输出，皆是当时入门便携播放器的热门机型，而搭配 RE2000 的声音表现也各有千秋。这两款播放器搭配 RE2000 均有充裕的驱动力，相比较而言，山灵 M3s 的音质更绵密有劲一些，重播管弦乐有层次鲜明的音场感，背景更宁静，动态也更凌厉从容。而 FiiO X3 MK2 略显柔美的倾向，听人声更有韵味，尤其是甜润感的女声。而低频方面，FiiO X3 MK2 则和山灵的扎实紧致不同，呈现出柔韧又深沉的倾向。但这里不是说 FiiO X3 MK2 的低频含糊，其实搭配 RE2000 聆听玉置浩二的《酒红色的心》和《悲情城市》这类唱片，那低音效果是非常有味道的，深沉又有暗劲，有充足的密度又不会给人过分的压迫感。而山灵 M3S 呈现的低音形态就跳跃一些，呈现不同的调声风格。RE2000 搭配这两款入门播放器的效果让我想起了 ATC 的有源监听音箱，中性的音质能够准确呈现出前端器材的特点，而重播高质量格式文件时的音质密度又能媲美顶级的耳罩式耳机，即使大动态下依然从容不失真，其深厚的功力尚可由更高级别的播放器来发掘。

于是，换上美国 Echobox Explorer，这台设计独特的播放器先不说声音，光是设计和用料就足够迷人。搭配 RE2000 音质表现如何呢？第一印象是分析力很高，中高频通透且线条清晰分明，音色透明鲜活，低频弹跳有力，聆听流行音乐有活力四射的效果。即使是聆听大部头管弦乐也绝无过于明亮的倾向，可见其 32Ω 负载下输出 300mW 的能力是实打实的，而且随着音量开大，高频并没有变得生硬和前冲，低音的输出则显示出扎实饱满的力量感，可见 Explorer 的失真是极低的，而且频响线性度也比较平衡。用这套组合聆听 RR 的 HRX 格式高解析度的大部头管弦乐很是过瘾，这些大动态录音的电平很低，很多驱动力不够的播放器根本无法呈现小音量时的细节和韵律感，同时无法兼顾大动态强音的厚重感，但 Echobox Explorer 搭配 RE2000 做到了，而且水准还挺高，音场不算很宽却有坚实的定位感，低音乐器的规模庞大而形态依然清晰。在重播这类音乐的极限状态下，RE2000 的音效较前面搭配的几款播放器上升到另一个层次。

搭配售价再贵一倍多的 Chord

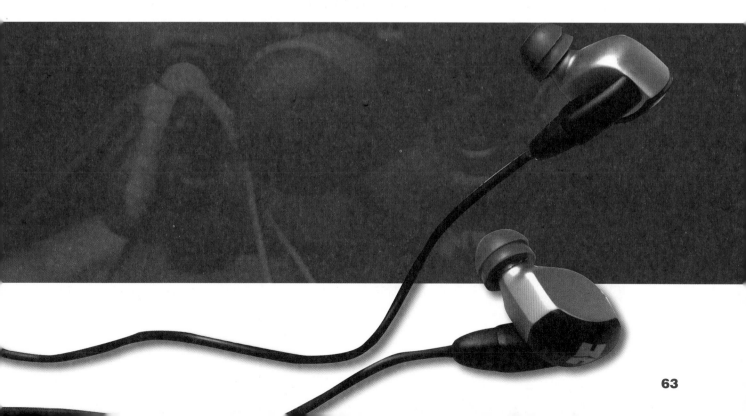

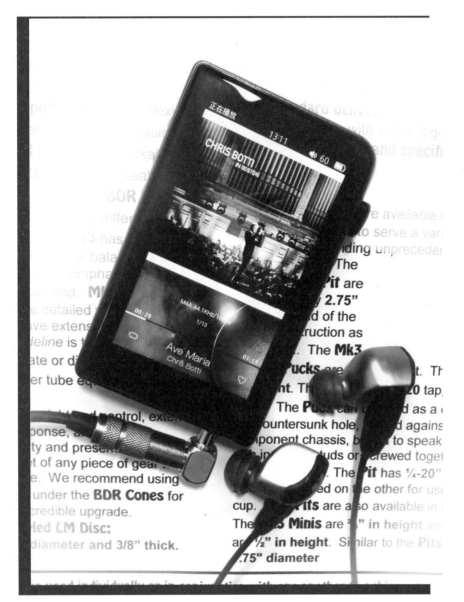

Hugo2 解码耳放又如何呢？我曾分别用山灵 M3s 和 Echobox Explorer 做数字转盘驱动 RE2000，带来的音质提升是显著的，可见 RE2000 在遇到更强的前端器材时依然有潜力可挖。此时，重播 RR 的 HRX 格式音乐，音场的宽度得以更好展开，而且音场内乐器的音质密度感和空气感都更出色。中频的饱满度和润泽感是前所未有的，无论重播甜美的女声还是厚实的男声都很到位，音色丰满又甜美，虽不算是中性无染，却好听得令人无可挑剔。更令人惊讶的是，人声录音竟然能获得立体感的结像力，头中效应并不明显，开扬感和立体感仿佛与近场监听的效果类似，在耳塞中能实现这种效果，也确实很难。

通过几款便携播放机的搭配，我发现 RE2000 其实并不难推，尤其是两款千元机的音质就已经能够满足 90% 玩家的需求了，而 Hugo2 无疑是一个极致又另类的存在，较大的体形说是便携，估计有很多人会皱眉头，但搭配 RE2000 呈现的音质之美又是难以抗拒的。一不做，二不休，于是我分别以美国 ModWright HA-300 耳放、北京羽商 Classic No.11.2 耳放搭配，试试 RE2000 播放效果。老实说，这不是 RE2000 正确的使用方式，RE2000 并不难推，更不至于要用台式机才能推好，而且台式机更适合搭配耳罩式大耳机，试听的目的是看看 RE2000 还有多少潜力可挖而已。搭配 ModWrigh HA-300，RE2000 呈现出的音质绵密而贵气，就连高频那种传说中不食人间烟火的空灵感，都呈现得令人陶醉。无论重播人声、弦乐还是交响乐，HA-300 驱动下的 RE2000 都无可挑剔。那么换上便宜得多的 Classic No.11.2 呢？音源改为 PC 手提电脑 + 音乐传真 V-link+ 华韵 DAC-1 解码器，同样播放上述的数字文件，RE2000 的表现依然令人吃惊。相比 HA-300，No.11.2 的音质呈现出很中性的监听风格，如果要找音箱比较的话，我觉得和 Genelec(真力) 的风格非常相似。低频的速度感、中频的密度感，以及清透细腻的高频都相当诱人，不同唱片的录音特性都展露无遗。个人认为，相比较我在几个录音室听过的监听风格，这套搭配呈现的声音准确性甚至用作录音后期制作也很称职，当然了，没有哪个录音师会用入耳耳塞来工作的，尤其是像 RE2000 这么价值不菲的产品，留给发烧玩家才是正确的选择。

总结

官方宣称 RE2000 的调音清澈与醇厚共存，通过多样化的搭配试听，这点我是认同的。RE2000 的过人之处不单是外观，其实更在于声音的高素质和强可塑性，以单一动圈单元能做到如此高度，HIFIMAN 再次令人刮目相看。

冯刚为消费者造福
拉菲尔 B25 耳机阻抗匹配器

津拉菲尔音响曾在北京音响展会上正式推出耳机阻抗匹配器，非平衡版本（型号：B25-1）和平衡版本（型号：B25-2）价格一样，都内置两个变压器，B25-2 为真正的平衡结构。B25 耳机阻抗匹配器内置拉菲尔研发并生产的自耦式变压器，可以实现不同绕组间的转换，具有精准匹配输出负载的阻抗特性，两个版本都有木壳和铝壳供选择。B25 耳机阻抗匹配器的面板上对不同阻抗进行了分区。两侧竖排的接口为功放和低阻耳放输入区，标示分别为 0Ω、6Ω、8Ω；底部横排为耳放输入和耳机输出区，标示从左到右分别为：16/32Ω、32/64Ω、60/120Ω、150/300Ω、300/600Ω。耳机发烧友们可以用它玩出不同的音色花样。使用时不需要插电，标示的频宽是

10Hz~35kHz，输入 25W/6~8Ω 可获得输出 5W/16~300Ω，几乎涵盖了所有类型的耳机需求。

最近 HIFIMAN 推出一款旗舰 SUSVARA 纳米平板振膜耳机，灵敏度仅有 83dB/60Ω，这可难倒了市面上绝大多数的耳放。HIFIMAN 的阻抗匹配器体积小巧，是针对 SUSVARA 耳机设计的，其他产品用起来未必合适。更早以前，就有日本的胆机厂家建议直接以小功率胆机来推动低阻抗耳机，当然像 HD800 这种高阻抗耳机不能这么搭配。

一般来说，耳机阻抗越大，其承载功率越大，不至于因过载造成声音失真，其频响和动态范围的适应面更宽，另外高阻抗也利于降低播放器底噪，在推力足够的情况下，理论上高阻抗比低阻抗更保真。而低阻抗耳机一般灵敏度较高，耳放的输出功率又较大，很小的功率就可以推动它。当音量较大时，耳机振膜振幅较大，较

易失真。所以，低阻抗耳机难推易响，高阻抗耳机易推难响；低阻抗耳机需要大电流，而高阻抗耳机需要更高的电压摆幅。从放大器失真角度看，高阻抗耳机负载轻，放大器工作在失真相对较低的状态下，对音质有益。但今天我们知道，高阻抗耳机高档、音质好，低阻抗耳机低档、音质差的观念不一定是对的，因为所有的极品动圈耳机阻抗几乎集中在 32Ω 左右，和高阻无缘。

正因为阻抗问题复杂，因此，理想的完美耳放并不存在。虽然理论上存在完美的线性放大、绝对无失真的放大器，但实际中不存在这样的耳放。耳放的输出通常只有几十到几百毫瓦，由于功率不高，所以多用甲类设计获得较低的奇次谐波失真、灵敏的瞬态反应和驱动特性。耳放的原理与一般功放没什么不同，都需要将小信号电平放大到足以驱动负载的程度，但耳机的阻抗变化相比音响要求严格得多，以至于耳放的增益设置难以兼顾。高阻抗耳机和低阻抗耳机对耳放的要求是不同的，低阻抗耳机对耳放

输出电流要求较高，对输出电压要求较低；而高阻抗耳机正好相反，要求较高的是电压输出能力。理想的耳放既要同时满足耳机的电压和电流要求，还要有足够的功率储备，单看耳放输出功率是没有意义的。

既然没有绝对完美的耳放，又不能花 10 万元去买所谓的"天价"产品，为什么不把家中原有的功放利用起来，只要加上一部拉菲尔的耳机阻抗匹配器，连 2A3、300B 这些直热式三极管胆机，也能华丽变身为超级耳放。拉菲尔的设计者冯刚在展会上介绍，它们的自耦式变压器功率转换效率较高，能达到 90% 以上。以手机为例，多数手机输出阻抗在 8Ω 左右，无法有效驱动高阻抗耳机，搭配 B25 耳机阻抗匹配器之后，手机直推 300Ω 的森海塞尔 HD650 和 600Ω 的拜亚动力 DT990，不光能达到一定的声压，而且中低频也非常饱满厚实，令人无法相信手机在阻抗精准匹配的条件下，居然能直推高阻抗大耳机！

冯刚另外以拉菲尔的 300B 胆机，搭配耳机阻抗匹配器的平衡版本（B25-2），直推 HIFIMAN HE1000 V2 耳机，这款耳机属于低阻抗、低效率类型（灵敏度 90dB/35Ω），由于耳机表现本身非常通透无染，因此对耳放的要求很高。在拉菲尔的推动下，各频段都得到了充分驱动。不光低频的力度扎实、线条感清晰，连高频的泛音也非常晶莹透亮，声场的展开更加宽阔，带出一种激扬澎湃的朝气。笔者建议拉菲尔的耳机阻抗匹配器最好与小功率耳机一起用，虽然大功率功放推高阻抗、低功率耳机也有奇效，但音质音色与噪声不容易掌控。由于从功放、耳放、电子管前级、手机等不同产品连接阻抗匹配器，还需要一段短短的连接线，通过搭配使用

不同的线材，还能带来更多调色的可能，笔者觉得这是花费最低、效果最明显，而副作用最少的调色盘！

笔者测试时拿德国 Lyric Ti100 MKII 胆机（每声道使用一只 KT120 管，输出功率 18W）连接拉菲尔 B25 阻抗匹配器，搭配 HIFIMAN HE6（灵敏度 83.5dB/50Ω）与 FOCAL Elear 动圈（灵敏度 104dB/32Ω）耳机，这时拉菲尔的 B25 阻抗匹配器发挥神奇作用，两只耳机的清晰度和动态范围都获得了极大的提升，尤其低灵敏度的 HE6 似乎提升到了一个全新的层次。声场层次也得到了明显区分，

音乐不仅来自于左右两侧，而且立体感很强。经过自耦式变压器，低音并没有松弛，反而在饱满低音的衬托下，展现了更多的音乐细节。由于阻抗匹配良好，FOCAL Elear 动圈耳机表现出的乐器和人声具有立体感，低音丰富有弹性，人声宽松自然流畅，高音则依然华丽通透，使得整体音乐更具生命力。拉菲尔 B25 虽然不是耳放，但这个阻抗匹配器有能力赋予每款耳机全新的生命力，以此成就最好的耳放。

低调实力派

Luxman DA-250 解码 / 耳放 / 前级一体机

从耳机热潮席卷而来，不但很多音响迷喜欢携高素质数播耳机出门，就连很多原本家用 Hi-Fi 玩得开的朋友，也乐于在家中添置一套耳放、耳机系统，在夜深人静时可以不扰家人、邻居而尽情畅游乐海。现实中很多音响玩家居家条件受限，自然难以追求完美的声学条件，Hi-Fi 系统表现力势必也受到很大的影响，花大投资却未能尽情发挥其应有的价值，这是很多音响迷无法解决而感到困惑的事情。幸亏，我们懂得一条定律：高素质的耳机系统，音质表现能够媲美价值高 10 倍的大音响系统。那么，不受环境影响，随时享受高保真重播的耳机系统，就成为很多音乐迷追求原音重现的利器。

耳机其实相当于将一对音响挂在耳朵边，虽然在音场方面无法与音响系统相提并论，但好处也是多的，比如没有前述的环境声学条件的困扰，我们听到的声音全是耳机扬声器单元发出的直接音，这时高保真的程度就远胜音响了。恰恰也正是因为这种亲密无间的近距离聆听，不但对耳机的音质要求极高，更是对驱动耳机的耳放、前端的播放与解码系统提出了同样高的要求。想想看，假如耳放信噪比不够高，那噪声直入耳朵可不好

受；假如解码器素质不够好，没有好的音乐感染力是无法令音乐通过耳道钻入心窝的。与音响系统的功放不同，耳放虽然也具有信号放大驱动耳机的功能，但不需要像功放那样要求强大的功率输出，驱动耳机也就需要数百毫瓦的功率输出而已，因此，耳放的失真率和信噪比等指标对现代厂商而言都不是难题。本文主角为日本原厂制造的Luxman DA-250，它是近期传统 Hi-Fi 音响厂商在解码耳放 / 前级一体机方面的亮眼之作。

传统外观讲究的是实用性

日系厂商历来可能在产品外观方面没有欧美品牌那么富有艺术感，但日本人的严谨造就了他们在制作工艺方面的精益求精，因此即使是实用、平凡的外观，也由于工艺细节的考究而显得非常精致。DA-250 喷砂质感的面板、滚花工艺的旋钮、黑底红字的显示屏，都非常考究而且精致，右下角是 6.3mm 耳机输出插孔，对于高端玩家而言，没有提供平衡输出或许是个遗憾吧。但对于大部分玩家而言，DA-250 采用窄面板小机箱设计，即使放在办公桌上或者音响架上都占不了多少地方，小

巧遇上精致，已经无可挑剔了。同样的理念延续到机身背板上，DA-250 的各类端子分布非常合理，从右到左分别是电源输入插座、一个同轴与一个光纤数码输出、一个同轴与两个光纤数码输入、一组 RCA 模拟输入、一个 USB 数码输入，再就是靠左上角的 RCA 与 XLR 模拟输出各一组。端子配备足够丰富，无论作为耳放，还是作为解码器和前级使用都没有问题。

内部设计合理彰显大厂风范

习惯性打开 DA-250 上盖一窥内部结构和用料，映入眼帘的是规整的布局与精致的制造水平，彰显大厂设计功力。整体而言，各线路排布相当合理，机内主要的干扰源——电源变压器远离前级和耳放模拟放大线路，尽量降低可能产生的干扰。电源插座之后是一组滤波线路，为整机提供纯净的电源打下基础。变压器为特别设计的 EI 型铁芯制品，好的变压器本来就无须顾虑振动和磁漏的问题。厂方依然以铜片包裹线圈，并且做单独接地处理，以确保有效屏蔽变压器的干扰。

线路板方面，其实我们看到的这块大线路板只是解码与模拟放大线路，数码输入、升频等线路则安装在下方，并且以金属盖隔离屏蔽，采用立体结构得以将机身设计得如此小

巧，同时避免了线路间的干扰。线路板上靠近变压器的部分是解码线路，由于数字信号属于 10 万级频率范围，因此根本不会受到 50~60Hz 频率电源的干扰，各位也就不必担心数字信号靠近变压器有什么不妥。DA-250 的 S/PDI 同轴及光纤输入支持 24bit/192kHz PCM 信号，而 USB 输入支持 32bit/192kHz PCM 信号，支持 2.8MHz、5.6MHz DSD 规格信号的传输，时下流行的高清音乐文件都能顺畅播放。解码芯片则采用美国 Texas Instruments（德州仪器）PCM1795，内部将输入的数字信号升频至 32bit/352.8kHz 或 32bit/384kHz，再进行 D/A 转换处理。高性能的解码芯片，无疑在重播 16bit/441kHz CD 格式文件时大幅降低失真并改善听感的平滑度。而根据不同输入频率信号，Luxman 分别设计了对应 44.1kHz 和 48kHz 的高精度、低噪声时钟模块，采用不同的独立模块，从而获得更精准的解码性能。USB 部分采用异步传输模式，S/PDIF 输入部分采用高精度实时时钟处理，以取得最低的抖动。数字滤波模式更是提供两种不同的数字滤波模式供选择，线路上由四只 JRC 出品的 5532 运放组成低通滤波线路，玩家可根据重播的音乐文件状况调整到最佳的听感。

DA-250 的模拟输出部分有固定

电平输出和可变电平输出两种模式，玩家根据需要在背板的开关上选择切换，固定电平和音量控制的选择非常方便。可变电平输出组可以方便地接入后级放大器或者有源音箱，从而提供更灵活的使用组合。而音量控制线路则采用了 Luxman 专有技术，即模拟式电子音量控制器（LECUA），这个技术首次应用是在其旗舰前级 C-1000f 中，现在运用在 DA-250 上，甚至是耳放部分的音量控制和背板模拟部分的音量控制，可见 Luxman 对 DA-250 的重视。该技术的优点包括：1、出色的信噪比；2、极低的失真度；3、对频响特性无任何影响，对音质无任何影响；4、左右声道的差异最小化；5、左右声道的串扰极低。DA-250 的模拟式电子音量控制器并非采用传统的电位器调整音量，ALPS 马达驱动电位器仅是给玩家提供音量控制电路的操作示意图与参考电位，音量变换则由线路板上 FET 开关集成电路控制的固定电阻组成的开关式衰减器组件完成，FET 开关集成电路则由铜片覆盖，避免干扰。DA-250 以严格配对的固定电阻完成衰减过程，采用启动式而非接触模式，以高性能光速断流器进行保护，获得了杰出的性能。

对于前级线路，DA-250 采用 BB 公司的 OPA2134 运放，结合 Luxman 定制电容、贴片工艺的线路，采用单端与平衡独立的输出线路设计，性能是毋庸置疑的。而 DA-250 的耳放线路也是完全独立的，Luxman 特别设计了由两对场效应管输出的纯甲类耳放线路，在兼顾柔美音色的同时，获得了强大的输出能力，包括：200mW/16Ω、400mW/32Ω、130mW/600Ω，这对于驱动森海塞尔 HD600、HD800 这类耳机完全没有问题。DA-250 另一个特色功能，就是配备小巧的遥控器，不但可以调整音量和输入选择，所有的输出都可以调整为反相。对于不同时期录音文件，或者是搭配不同产地器材时要做的调整，DA-250 都更为灵活。

多种玩法试听

试听 DA-250 的过程是非常有趣的，我分别将其作为纯解码、解码兼前级、纯耳放、解码兼耳放等试用，从而更深入了解这款一体机的综合表现力。作为纯解码时，我将其连接 CD 转盘和电脑，分别了解声音素质。作为前级时，我以 XLR 平衡输出连接 ATC SCM19A 有源落地音箱，也以 RCA 输出连接 YBA Genesis A6 后级。作为纯耳放时，我则以 ESTi 的 CD 机模拟输出直连 DA-250 的模拟输入。作为解码兼耳放时，我驱动过森海塞尔 HD800、HIFIMAN HE1000V2、Audeze LCD4 等顶级耳机，也驱动过德生"草根耳机"、天龙 AH-C820 入耳小耳机等。

作为中高级解码完全胜任

无论连接 CD 转盘还是电脑，DA-250 的音色表现，并没有给我落差感。而作为解码的最终声音素质，DA-250 也和万元级一体 CD 机不相上下。DA-250 作为地道的日本品牌，维持了厂方一贯较为雄壮、饱满的声音风格。和传统日系那种纤细精致风格略为不同的是，Luxman 表现声音

的能量较强、密度较高，更倾向美式的风格。DA-250 就是如此，重播柴可夫斯基的《第一钢琴协奏曲》，声音比 CD 机都来得更有力量，钢琴的形态更扎实而庞大，动态对比的摆幅更强烈，低频的权威感更符合我们在音乐厅前排的聆听效果，乐团的规模感和层次感更是充满力量。而重播布伦德尔和克利夫兰乐团合作的《鳟鱼五重奏》，Philips 的录音非常甜美精致，用一体 CD 机重播却有点过于羸弱，接上 DA-250 后，四把提琴的线条明显更厚润了，相应的琴腔共鸣也更丰富了。钢琴呢？不用怀疑了，在原本晶莹剔透的基础上，钢琴声多了几分圆润厚实。音质上的对比，提琴好像换成了更好的琴，音色显得更饱满华丽，更动听迷人。

DA-250 作为前级又如何呢？搭配 YBA Genesis A6 后级，Luxman 的独特音色融合 YBA 没有任何违和感。这不是一种所谓中性的声音，却将音

余震都呈现得清晰细腻。铜镲呢？没问题，铜镲音质光辉而依然细腻，质感真实不生硬。那么重播《黑教堂》呢？我将考验的重点放在了人声的质感和对空间感的描绘方面，DA-250 都令人满意，尤其是独唱与合唱之间的空间感和层次感、定位与立体感仿佛超越了聆听空间的范围，来得非常自然而从容。

作为耳放很称职

通过搭配不同的耳机，我发现 DA-250 的耳放功能并非附送的，而是有着相当高的素质。驱动上述的几款耳机，尤其是 HD800、HIFIMAN HE1000V2、Audeze LCD4，DA-250 都不显吃力，即使是出了名难推的 HD-800 也没有出现音场空虚的问题。而信噪比是相当之高，在不播放音乐时即使音量开到最大，底噪也几乎听不到。随之换来了极高的分析力，音质相当细腻通透，而密度也够高。

乐重现得很有美感，尤其中、高频的柔美之中还保有足够的细节分析力，因此能将小提琴重播得厚实，将铜管重播得金黄璀璨却并不过于耀眼。比如波提在波士顿音乐会演奏，他那把小号在很多音响组合下听感会略感单薄，而这次聆听却有另一番感觉，小号的音质显得更饱满更有密度与力度。而重播敲击乐《八音和》，DA-250 呈现的动态与从容感都令人满意，鼓点来得坚实有力，甚至鼓皮的

平衡度方面，DA-250 算比较平衡的，低频量感不太多却有着清晰的线条感和不俗的控制力，中频不过于丰满却有着柔美的亲切感，高频通透却不过亮，因而能呈现一种暖调的听感。我尤其喜欢 DA-250 搭配 HE1000 重播爵士乐的表现，那种宽松、通透、细腻、儒雅的听感，将音乐呈现得优雅曼妙。而搭配 HD800 呢？重播管弦乐很到位，球形的音场扩展得很宽阔却又有足够的密度，乐团各声部清晰

分明，尤其是弦乐群的形态感很舒展，即使是中提琴声部也没有被掩盖掉，可见 DA-250 的分析力和音质密度多么出色。即使层层叠叠的木管与铜管乐器声，DA-250 表现也很到位。而且木管的悠扬与铜管的金光都很考验器材的音色质感，DA-250 的表现令人满意。

总结

日本原厂制造、精致的制造工艺、考究的线路设计、功能足够丰富的 DA-250，无疑是近期我试听过同类器材中面面俱到的"全能选手"。假如你是进阶级耳机玩家，想找一部各方面表现均衡的一体机，怎么能不去听听这款 DA-250 呢？

小身材、大推力

MOON 230HAD 解码 / 耳放一体机

- 输出功率：100mW/600Ω、200mW/300Ω、1000mW/50Ω
- 频率响应：5Hz~100kHz（0/ ~ 3dB）
- 总谐波失真：<0.005%
- 互调失真：<0.005%
- 信噪比：115dB
- 位深度范围：16~32bit
- 取样频率范围：44.1~384kHz、DSD64~DSD256
- 动态范围：118dB
- 输出阻抗：1.25Ω
- 输入阻抗：22kΩ
- 质量：2.8kg
- 尺寸（WHD）：17.8cm × 7.6cm × 28.0cm

加拿大 Simaudio 以 MOON 为品牌的第二部耳放 230HAD，虽然没有旗舰 430HA 的双环形变压器、没有双 3 针 + 单 4 针的平衡接口、没有高达 8000mW/50Ω 的惊人输出、没有豪华的重量级机箱，但这部入门级产品却加上了很实用的解码线路，并且把售价降低了一半有余。很显然，230HAD 是针对更年轻的消费群体，而不只针对老发烧友。430HA 荣获美国《发烧天书》的最佳推荐，强劲的输出能力堪比一部合并功放，连音响都能很好驱动，更别提耳机了。230HAD 延续旗舰的设计思路，同样具有 1000mW/50Ω 的大输出，对于森海塞尔、拜亚动力、HIFIMAN 之类的耳机驱动轻松自若。

230HAD 提供四组数字输入：D1 是光纤，D2 和 D3 是同轴，D4 则是 USB B-type 端。D1 到 D3 的 S/PDIF 输入最高可支持 24bit/192kHz 的 PCM 信号，如果通过 USB 输入则可支持到 32bit/384kHz 的 PCM 信号以及 DSD256。背板有 RCA 模拟输入口，也就是说它既可作为解码器使用，也可作为纯耳放，而不是带耳机输出接口的解码器。很可惜，230HAD 没有 4 针式平衡接口。另外，它有两组 RCA 模拟输出，如果把 230HAD 当前级使用，则要接到可变输出。如果接到固定输出，230HAD 就成为一台纯解码器，音控将不发生作用。其实，设计者可以增加一组可变输出的平衡输出，方便连接有源音响，这样 230HAD 应用范围会更广一些。连续几天不关机，230HAD 机壳一点不发烫，官网说它的寿命"超长"。面板上只有两个按钮，设计非常简洁。

厂方称放大线路为互导线路，放大的是电流而不是电压，这样的设计理论上可降低失真并减少功率损耗。其实，大部分后级功放都是放大电流而不是放大电压，所以厂方是以设计放大机的概念来完成 230HAD 的。一部好的后级功效必须兼具大电流输出、高回转率、高阻尼系数等特性，230HAD 没有具体标识，但是 1000mW/50Ω 的输出的确很可观，即使推动 300Ω 阻抗的森海塞尔 HD800 也才需 200mW 左右的功率，力道一流。

作为纯耳放，而且是在加拿大制造，MOON 230HAD 不但表现可圈可点，还能满足部分人"进口音响"的需求。笔者有个拜亚动力一代 T1 耳机，标称灵敏度 102dB 可以用便携播放器直推，实际上 600Ω 阻抗把很多小型耳放都难倒了。二代 T1 高频柔顺许多，一代的高频比较硬朗，前端如果不到位能量会堆积在中、高频，长时间聆听唇齿音会有些累耳。230HAD 没有平衡接口，无法让 T1 的声场更开扬广阔，除此之外几乎找不到明显缺点。它的耳

放部分透明度很好，对 CD 或播放器音频的反应敏锐，高、中、低频音域平衡为金字塔式的，底盘十分扎实。230HAD 反应速度快，低频干净利落，不臃肿、不过量，扎实的力道拳拳到肉，线条凝聚有很好的密度感。搭配 HIFIMAN HE1000 旗舰平板耳机，更可听出 230HAD 的推力非常充裕，低频控制力紧密，中频通透流畅，高频说不上甜美多汁，但平顺自然很有真实感。大功率输出的底噪问题，还有大音量输出的粗糙颗粒感问题，230HAD 都处理得一流，即使换用 HIFIMAN Edition X V2 这样的高灵敏度耳机，甚至入耳式耳塞，听感上都很清爽，质感始终保持细致紧密。

作为解码器，由于 230HAD 的窄面板设计适合放在桌面，因此解码芯片采用了专为移动设备开发的 ES9018K2M 芯片。这颗低电压芯片和满血版八通道设计的 ES9018 有所不同，我们在小米、vivo、魅族等手机上都能发现其踪迹。之前 oppo HA-2 便携耳放也用了这颗芯片，据说是手机厂家特别向 ESS 订购的，一般音响厂家订购 ES9018 最多 1000 颗，所以厂方不会为其去修改结构，工程师只能在局限范围内设计，这造成 ES9018 名气虽大，但用在音响中的产品却不多。而手机厂家起订的数量是 1000 万颗，所以 ESS 完全配合做了很多修改。新一代 SABRE9018AQ2M 芯片已经上市，信噪比从 127dB 提升为 129dB，运行耗电量都变得更小，保证了便携移动设备的续航能力。

把 230HAD 接到大音响系统，这部解码器的声音表现出中上水平，声音爽朗，音场很开放，线条干净明朗，中、低音密度高、速度快，与欧洲风格的阴柔、细腻、内敛大异其趣。这种活泼生动、有跃动感的表现，拿来欣赏爵士乐、摇滚和国内的翻唱歌曲非常对味！因为价格所限，230HAD

与高端解码器的音质还是有些差距，少了一点点细腻的华丽感，古典音乐也不够雍容贵气。但是作为解码/耳放一体机使用，230HAD 还是很能讨好耳朵的，它中性低音染、高瞬变、低失真的个性，能应对多数耳机而不致声音变味。230HAD 虽然质朴，却一点不"冷"不"硬"，足够的低频支撑让它结实有活力，个人觉得真实音乐就应该是这样子的。

在 10000~20000 元的战场上竞争者众多，MOON 230HAD 的声音不夸张取巧，外观沉稳低调，凭什么获得青睐？笔者整理了一些主要竞争

者名单，大家看看就明白。

● Marantz（马兰士）HD-DAC1. 其支持 24bit/192kHz PCM 与 2.8/5.6MHz DSD 解码，耳机输出最大 800mW/32Ω。优点：做工端正漂亮。缺点：个性不明显。

● Sony（索尼）HAP-S1 硬盘式音频播放器解码/功放/耳放一体机。它内置 500GB 硬盘，支持 Wi-Fi 同步音乐，使用 PCM1795 解码芯片，支持 24bit/192kHz PCM 与 2.8/5.6MHz DSD 解码。优点：硬盘播放功能强大。缺点：耳放功能只是附带。

●谷津 Q-m 平衡解码/放一体机。它采用 DDS 新技术让信噪比高达 180dB，支持 32bit/384kHz PCM 解码，有平衡接口（504mW/600Ω）。优点：驱动力强大，数字部分规格优异，性价比高。

● Chord Hugo TT 解码/耳放一体机。它支持 32bit/384kHz PCM 与 2.8/5.6MHz DSD 解码，有蓝牙传输功能。优点：使用 FPGA 编写的解码器，性能非常优异。缺点：价格较高。

● Luxman DA250 解码/耳放一体机。它延续旗舰前级 C-1000f 的模拟式电子音量控制器，使用

PCM1795 解码芯片，支持 24bit/192kHz PCM 与 2.8/5.6MHz DSD 解码，有平衡接口（400mW/32Ω）。优点：日本制造工艺，有 Hi-End 的音质。缺点：价格较高。

● Lynx Studio Hilo 解码/耳放一体机。它配备的 FPGA 处理器拥有 32 通道混音以及数字信号处理功能，提供多路输入/输出。优点：专业级的解码功能，接口众多。缺点：耳放不是重点。

● Mytek Brooklyn DAC Preorders 解码/耳放一体机。它支持 32bit/384kHz PCM 与 2.8/5.6MHz

DSD 解码，两组耳机输出（最大输出功率 6W）。优点：专业级的解码功能，接口众多。缺点：耳放不是重点。

● Auralic Altair "牵牛星"解码/耳放一体机。它安装了针对 ESS Sabre 解码芯片特别设计的双频飞秒主时钟，具有多种滤波模式，支持 32bit/384kHz PCM 与 2.8/5.6MHz DSD 解码，采用 Lightning 流媒体技术。优点：播放与解码功能强大。缺点：耳放不是重点。

● Sennheiser HDVD800 解码/耳放一体机。它支持 24bit/192kHz PCM 解码，有两组平衡接口，可同时接四组耳机。优点：做工漂亮。缺点：解码与声音表现一般。

● Questyle CMA800i 解码/耳放一体机。它利用了电流模功率放大专利电路，配有欧胜 WM8741 解码芯片，最大功率输出 1000mW/32Ω。优点：解码与前级放大线路不错。缺点：没有平衡接口。

● oppo HA-1 解码/耳放一体机。它采用 ESS9018 解码芯片，支持 32bit/384kHz PCM 与 2.8/5.6MHz DSD 解码，有平衡接口，最大功率输出 2000mW/32Ω。优点：输出功率大，接口丰富。

● Audiolab M-DAC plus 解码/耳放一体机。它采用 ESS9018 解码芯片，支持 32bit/384kHz PCM 与 2.8/5.6MHz DSD 解码，全平衡放大线路。优点：重视解码输出。缺点：没有平衡接口。

●美星 MC-300EAR 解码/耳放一体机。它使用 300B 直热式电子管放大，最大功率输出 900mW/32Ω、80Ω、300Ω、600Ω。优点：稀有的 300B 胆放大产品。缺点：解码部分较弱。

看完上述名单，发现 MOON

230HAD 除了没有平衡接口，其他优点不少：解码功能完善；驱动力强劲；个性中庸搭配性广；加拿大制造；价格合理。这些就是它的竞争力！

高性价比便携耳放"新宠"

FiiO A5 一体机

在繁忙的日常工作中，人们该如何去放松自己紧绷的神经呢？对于我来说，听音乐是最好的选择。Hi-Fi 领域中，每一件优质的产品给人带来的都是全新的体验，这是产品设计者通过不懈努力给 Hi-Fi 爱好者带来的精神食粮。

近年来在随身 Hi-Fi 世界，本土生产商飞傲开始崭露头角。令人熟知的是精致小巧、超长续航的便携随身耳放 E12，我曾经在国外论坛看到关于 E12 耳放的激烈讨论，可见其在国外市场拥有较大的用户群体，而在 2016 年 9 月 10 日，飞傲发布了随身耳放产品线的代表作——新一代便携耳放 A5。这一新生机型代表目前市面上性价比较高的一款大推力耳放。

首先打开包装看到里面的配件实在丰富：一台 A5、一个收纳袋、一条充电线、一条精致的对录线、两对捆绑带、两块防滑垫。

拿起飞傲 A5，最直观的感受必然是那纤瘦的身材和厚重的手感了。厚度不及 1 元硬币直径的一半，宽度则与一台 iphone5s 手机宽度相当，这样的体形对于捆绑随身播放器来说是相当便利的。从外观上看，A5 采用了更为柔和细腻的喷砂工艺，替代过去金属感过强的拉丝效果，改善产品表面机械性能的同时，也增强了它和涂层之间的附着力，延长了阳极氧化上色的耐久性。生产商毫不吝啬地选择了成本高于前者三倍的 180 号锆砂，对 A5 模具表面先进行研磨抛光，随后再用锆砂喷涂，使 A5 机身获得前所未有的如绸缎细腻的触感。

音量旋钮打破了设计传统。厂家以弦乐乐器为灵感，将沿用已久的菱格纹改为更加平滑、触感更加亲和的 45°弦纹，化繁为简。56 条直线整齐且均匀地以 45°排列在旋钮柱体上，充分展现几何之美。旋钮表面有一圈镀金色附着，并通过压低高光将冰冷的金属感降低，在视觉识别度上有了飞跃提升。在刻板的金属上注入人文思考，不仅是为了创造新的可能，更是为了让你能有全新的感官体验。隐藏式旋钮设计，不易导致误触，但据厂家介绍，光是这样一块隐藏旋钮设计的前机板在生产过程中就需要使用 26 道工序，足见厂家对 A5 耳放设计的良苦用心。A5 的耳机接口首次采用 CNC 不锈钢圈，取代了之前的铜帽接口，使得耳机接口的耐磨性和寿命都获得了显著提升。

A5 内置 880mAh 的电池拥有均衡保护功能，可根据不同充电设备自动调整充电电流。无论是用电脑 USB 端口、手机充电器还是平板充电器充电，A5 都能以最合适的速度补充电池电量。用 5V/2A 规格的充电器充电时，充电时间仅需 2.5h。比起同类其他产品，A5 充电更快、更方便，能保持长达 13h 的长效续航。A5 机身带有电源充电呼吸灯，针对不同的充

率高达 800mW/32Ω，而且 A5 带有高低两挡增益以及重低音选择开关。在低增益下，A5 推动普通耳塞已经可以获得非常好的听感。

小编使用 NuForce HEM8 耳塞进行试听，这是一个非常好推的耳塞。在 A5 驱动下，耳塞表现出了优秀的音质——声场宏大，结像清晰，分离度非常好，尤其是声音整体有一种微暖的走向，使得原本高频表现靓

楚，HD650 在推得不好时，闷糊的情况比较严重。而小编采用飞傲 A5 进行试听发现，A5 在高增益下驱动 HD650，声音水准已经基本接近 Pro iCAN 耳放的驱动水准。可以说，A5 是可以体现 HD650 素质的耳放。在 A5 的驱动下，HD650 宏大的气势、厚重的声音都得到了较好的还原，尤其是声场——HD650 的声场一直是用户的诟病。虽然 A5 并没能"拯

电电流，在指示灯上通过不同的闪烁频率表示充电速度，同时配备了一个工作指示灯，让你时刻掌握 A5 的充电工作状态。

声音是衡量产品好坏的唯一标准，也是 A5 身上最大的亮点。A5 延续了 E12A 广受欢迎的 MUSES02 + LME49600 的运放组合芯片。A5 音频电路主要元件采用高精度金属膜电阻，有效保证低噪声和声道平衡度；内置高效低阻电源管理器，由原来 E12A 的 ±7.4V 提升至 ±11V。正负对称供电可以省去耦合电容，避免音频损失，提高信号动态范围。输出功

丽的 HEM8 又多出一丝柔美。而低频的弹性较好，针对 HEM8 这种低频比较少的耳塞，如果打开重低音开关，可以得到一定程度的"拯救"。这一感觉在小编的另一副耳机，山新限定版 Edition S 上也得到了体现。

在搭配高阻抗耳机时，小编选择拜亚动力 T90 和森海塞尔 HD650 来试听。毫无疑问，A5 是更适合 HD650 的。HD650 使用 iFi Audio 新品 Pro iCAN 耳放来驱动，据国内玩家经验来看，此耳放驱动 HD650 是非常优秀的，基本能达到玩家心目中的期望。喜欢 HD650 的玩家都清

救" HD650 那并不宽大的声场，但由于控制力的优势，使得 HD650 不大的声场结像非常规整，聆听大编制音乐时感觉依然比较舒适。美中不足的是，细腻度方面与台式耳放还是有些差距。A5 在搭配 T90 耳机时表现并不突出，搭配拜亚动力耳机时高频刺耳、低频单薄等缺点暴露无遗。这样的搭配，小编并不推荐。

飞傲 A5 目前参考售价为 798 元，在国内市场同类产品中价格仍属比较经济实惠。而其超高的素质、强大的推力以及认真负责的售后服务，将为用户带来美妙的体验。

SHOSTAKOVICH
UNDER STALIN'S SHADOW
SYMPHONIES NOS. 5 / 8 / 9

ANDRIS NELSONS
BOSTON SYMPHONY ORCHESTRA

物美价廉
Cayin iDAC-6 解码器 +iHA-6 耳放组合

第一次在音响展上看到斯巴克的 Cayin iDAC-6 解码器 +iHA-6 耳放组合，笔者感觉其做工精良，在异常厚重的机身上找不到外露的螺钉，功能又非常强大，估计每一部大概要 10000 元，毕竟同为国产的 Questyle（旷世）、AURALiC（声韵）、欧博、oppo 也都在同一价位带。没想到的是，Cayin iDAC-6 解码器 +iHA-6 耳放两件套组合，参考售价居然还不到 10000 元！眼睛没花吧？是的，在 Cayin 的天猫网店中，66 套装只卖 7980 元还包邮，如果单买 iDAC-6 解码器只需 4480 元，单买 iHA-6 耳放只需 4180 元。轻抚着解码器的玻璃上盖，耳旁传来干净有力的声音，不禁要为斯巴克点赞！

夸张的 iDAC-6 解码器

这是一套非常值得买的桌面型音响组合。先说说 iDAC-6 解码器吧。Cayin 采用迷你尺寸机箱设计，两部机器刚好可以并排放在 CD 机上面，如果要上下叠放建议把解码器放在上面，它工作时温度真是有点高。iDAC-6 面板上有三个按键，由左至右分别是信源（有同轴、光纤、AES/EBU、USB 四组输入）、音色（可选择晶体或电子管输入）、输出（可选择固定输出或可调前级输出）。右边的旋钮除了当前级的音量控制，长按后还可以选择包括陡降（Sharp）、缓降（Slow）、短延时陡降（S.D.Sharp）、短延时缓降（S.D.Slow）、超级缓降（S.Slow）等滤波模式。

所有资料都会在面板中间的 LCD 显示屏呈现，设计者做了一个巧妙的处理，他们在面板上做了两个切口，然后将 LCD 以向后的斜角嵌入。这个复杂的设计除了增加视觉上的趣味性外，还改善了由上向下看的可读性，这正解决了桌面上放置器材时最常遇到的不好读的问题。在放大线路部分，iDAC-6 是真正的全平衡式结构，晶体输出由德州仪器的 BB OPA604 和 OPA2604 场效应管（FET）各四枚组成，而胆机输出使用四根 6N16B 微型胆管以作缓冲级。

OPA604 为单运放，OPA2604 为双运放，它们都是专为音频而设计的专用运放，音色醇厚圆润，中性偏暖，胆味甚浓，被誉为"最有电子管音色的运算放大器"。尤其 OPA2604 是继 NE5532 之后最为知名的运放，被称为"运放皇者"，英国知名公司 Linn 曾极其钟爱这款运放，由它带来的高解析而又甜美的味道，被称为"莲毒"。微型管 6N16B 是双三极结构，原为低频电压放大管，具有中等放大倍数，对称性好，拥有媲美 6N8P 的线性特质，而且价格非常实惠。

iDAC-6 采用双单声道的理念，使用两个 AKM 旗舰解码芯片 AK-4490。AK-4490 芯片可接收高达 768kHz PCM 数据和 11.2MHz DSD

数据，非常适合高分辨率音频源播放器使用，也是目前唯一能和 ES9018 芯片相抗衡的产品。比较特别的是，AKM 准备了五种数字滤波器供选用，iDAC-6 解码器利用了这项功能。S.SLOW 的滚降最快，听感上更自然流畅，乐器与人声的位置比较靠前；Sharp 的滚降模式最慢，听感上比较有力量，音场比较靠后。搭配不同的器材或耳机，仔细地比较滤波模式，总能找到自己喜欢的声音。更夸张的是，Cayin 居然用了两个晶体振荡器，分别对应 PCM 与 DSD 信号，低通滤波也是四路结构，这种设计通常只会出现在几万元的产品中。

大力的 iHA-6 耳放

对一部售价仅需几千元的耳放，笔者原本没有太高期待，但成见很快就被推翻，它的驱动力超乎想象。HIFIMAN 的第一代旗舰平板耳机 HE6，灵敏度只有 83.5dB/50Ω，原厂甚至还设计了一个适配器让玩家连接普通功放，因为不容易找到合适的耳放搭配。iHA-6 为全平衡耳放，拥有 5000mW（高电流 /32Ω）、7000mW（低电流 /32Ω）的输出功率。笔者用平衡线连接，调整到高增益、大电流输出模式，Cayin iHA-6 耳放不但把 HE6 推得虎虎生风，而且声音美妙极了。黄金平板振膜在高音的延伸与弹性上有绝佳表现，搭配 iHA-6 耳放播放弦乐有着致命的"毒性"。拨弦时的悦耳弹性带动空气振动的感觉妙不可言。高音延伸好，低音轮廓更加清晰，笔者感受到极高频的自由延伸与极低频的迅猛下潜所形成的庞大规模的听觉盛宴。用 iHA-6 耳放 +HE6 平板耳机聆听古典乐是一种享受，因为其音乐性与音质、音色均已达到极高的水平，无论钢琴还是弦乐声细节都不放过，小提琴拉到最高把位有闪烁的金黄灿烂气质，高雅无比，黑金色的光泽与洒脱的颤音勾人魂魄，低音宽松凝聚又深沉。iHA-6 耳放并不

属于柔软温和的类型，但它能把 HE6 推出绵密与强烈共存的立体感，低音层次感极佳。重播大编制交响乐时，iHA-6 完全发挥了平板的优势，漆黑的背景任你电闪雷鸣毫不退让，由于频段的两端与中间都强，因此动态范围与能量感巨大。

iHA-6 耳放也是全平衡设计，由全分立元件制作，从机内的组件可看到供电部分非常下成本，除

了使用自家的屏蔽式环外，还使用了共 40000μF 的滤波电容对左右声道分别供电。音量控制使用 ALPS 四联电位器，差分输入使用东芝的 K246 音响专用低噪声场效应管，功率放大使用 HUF76633 大功率场效应管组成推挽式线路，像这样真正的平衡放大耳放可真是不多见。面板上共有三个插孔，包括一个 4 针平衡接口，两个 6.35mm 插孔分别对应高、低阻抗耳机，它们也可作为 3 针平衡插孔的左右声道使用。左边的按键除了信源切换（平衡与 RCA 各一组），另外两个按键可调整电流高低与增益高低。

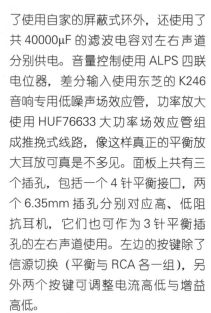

iDAC-6 解码器多种玩法

看完结构上的介绍后我们会发现，无论是 Cayin iDAC-6 解码器还是 iHA-6 耳放，都可以卖出更高的价格，斯巴克这次是福利大放送，66 套装成为性价比超高的产品。从另一个角度来说，66 套装也是可玩性极高的产品，只要细心调整，它的声音如百变天龙，可以满足不同口味的发烧友。

还是先说说 iDAC-6 解码器，其使用固定电平输出的 XLR 平衡接口，切换到胆机输出模式，选择 Sharp 滤波模式，连接到以高班 KT88 胆合并功放推动 Dali 皇太子音响的系统中，表现出温暖厚重的声音风格，低音能量扎实、高频带着微微甜味，中音饱满。如果换成晶体管输出模式，则

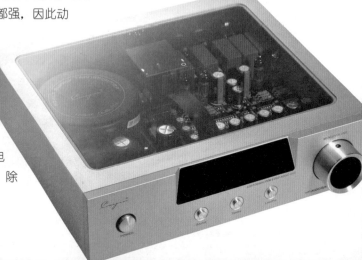

速度感略快，基本声底没有太多变化，线条更凝聚清晰，较阳刚的特性更适合表现大动态的音乐。由 Andris Nelsons 指挥的肖斯塔柯维奇《第五交响曲》《第八交响曲》《第九交响曲》，大提琴齐奏掀起令人麻酥的低音波浪，铜管在远处散发咆哮的光芒，还有大鼓猛击时候忽下潜的猛烈劲道，都说明了晶体管输出的优点。如果欣赏人声歌唱或弦乐，胆机输出具有更丰富的感情，平滑流畅的旋律非常讨好。无论是哪一种输出，干净、清晰、良好的空气感与黝黑的背景都无可挑剔，iDAC-6 的胆机输出可能与你的想象有所不同，笔者倒很喜欢这种爽快的听感。

还有呢！无论使用晶体管输出还是电子管输出，都可以调整滤波模式。不同的模式带来听感的差异，没有绝对的对或错，全凭个人喜好进行选择。这两个功能切换可以变换出许多声音特性，笔者还真无法一一交代，个人比较喜欢胆机输出加上 Slow 滤波模式，基本能保持原汁原味的声音效果。换上 S.D.Sharp 滤波模式，低音会增加一点；S.D.Slow 很接近 Slow 滤波模式，音像稍微靠前一点。如果选择晶体管输出模式和传统的 Slow 滤波模式，会带来很讨好的热情和劲道，提高瞬态和速度感，令整体听感更有激情，非常适合播放爵士乐。不同的器材可以借由不同的滤波模式来调整，

找到自己喜欢的声音风格，很好玩吧？

iHA-6 耳放也有多种玩法

iHA-6 耳放无疑是 iDAC-6 解码器的绝配，我用 Art Audio 的平衡线连接，调整解码器输出和滤波模式调出不同音色，音色明朗干净，分析力很高，整体表现几乎可以超越同价位带的耳放产品。别的不说，iHA-6 可

以连接大部分耳机插头，这点就足以让竞争对手甘拜下风，可能的话建议尽量用 4 针平衡插头，左右分离度、音质纯净度会有明显提升。笔者必须承认，Cayin 并非以悦耳醉人的音色讨人喜欢，它走的是更接近监听音响的爽朗风格，能真实表现音乐的原貌，想要更多韵味与音色，最好是搭配 iDAC-6 按自己的需求来调整。也许有人不喜欢太过透明无染，过于直白坦率的声音，但考虑到 iHA-6 耳放售价，笔者非常认同 Cayin 设计师的决定，与其将 iHA-6 赋予未必能讨好所有人的风貌，不如让它变成中性低失真的放大器，前面的解码给什

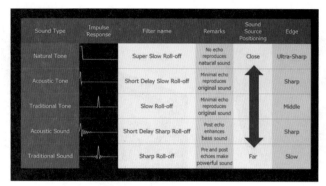

么声，它就出什么声，真实反应前端的声音。不过大家可以放心，iHA-6不单薄也不尖锐，高音朴素中带着细致，中音结实凝聚，低音有很好的控制与下潜力度。笔者喜欢这种监听风格的耳放，不会给系统带来太多的变量，调整系统只需要换用耳机和前面的解码器就好。

比起其他录音室用的专业耳放，iHA-6声底并不太阳刚，表现出的弦乐仍然有松香扑鼻之感。iHA-6的电流和增益各有高低两挡可选，方便搭配不同的耳机，从AKG DT990的600Ω到铁三角W5000的40Ω基本上可以"完美"搭配。低增益音量较小，一般调到12点钟位置才有比较合适的声压，但底噪控制得非常好。森海塞尔IE800耳塞灵敏度超高（125dB/16Ω），插在iHA-6耳放听不到任何干扰；换用低灵敏的HIFIMAN HE-6音量开到最大，同样背景深沉如海。使用高增益输出时，iHA-6可以把HIFIMAN HE-6推到震天响，相信一些监听小音箱连在4针平衡耳机插头上都可以推得很响。索尼888、索尼F1这些只有16Ω阻抗的耳机，设计主要配合随身移动装置使用，连接耳放通常会过度驱动，声音反而不好听。如果iHA-6在低增益、低电流模式仍然力大无穷，这时可以将iDAC-6解码器的固定电平输出改成可变电平输出，前端衰减后iHA-6音量旋钮便有理想的调整空间，可以友善温和地驱动高灵敏度耳机。

强而有力的驱动性是iHA-6主要的卖点，但也不需一味地使用高电流、高增益，虽然在严苛的工作中iHA-6依然可以保持高频细腻，低音线条清晰，不会像某些耳放一样力大声粗，但我们总希望它听起来更宽松一些。例如拜亚动力T1使用高电流、高增益的表现更好；AKG K701则使用高电流、低增益、插低阻、解码用电子管音色、缓降（Slow）滤波的表现更好；森海塞尔HD700则适合使用低电流、低增益、平衡口、电子管音色、缓降（Slow）滤波模式。其余耳机需要玩家多摸索尝试，努力会有回报的，关键是Cayin能提供这么多调整选择，忍不住又要称赞一下。除了HIFIMAN HE-6，笔者试过的拜亚动力T1二代、AKG的K701、森海塞尔HD700等几款高端耳机，iHA-6基本上能应付自如。这种百搭的驱动力，已经让iHA-6立于不败之地，在同价位耳放产品中少有对手。笔者听过一些电子管耳放，驱动力还行，但大音量时底噪明显，这时再美的音质、音色都会显得苍白无力。

轻松搭配KK耳机

在网上看到有人以Cayin推AKG的K1000全开放式耳机，66套装竟然推得很好。要知道这副耳机灵敏度只有74dB/120Ω，当年没什么耳放可搭配，原厂建议直接用大功放来驱动。从AKG提供的频率响应曲线上看，K1000在50Hz~20kHz是平直的，从50Hz以下开始快速滚降，到

20Hz下降了20dB。网友说Cayin一向的传统就是"力大"，可把K1000的声场推得异常舒适自然，连森海塞尔HD800都要靠边站。高频方面延伸和通透感都很好，密度稍欠；低频方面力度、弹性、量感也很好，就是下潜略欠。其实，网友的说法只对了一半，全开放式耳机在声音密度、低频下潜方面本来就受限，售价几千元的iHA-6能把K1000轻松驯服，这已经超乎想象。

最后来说说音源的搭配。因为是桌面使用，笔者选了DENON的广播级CD机，以它的AES/EBU数字输出当转盘，虽然是老古董了，但分析力、动态与音场定位仍让价格高它很多的CD机自叹不如。播放24bit/192kHzPCM的高清音乐文件，笔者选用了艾诗MBox流媒体播放器，这部不贵的机器能方便地播放各种文件，包括硬解DSD iso格式。不过，MBox只有同轴数字输出，而且DSD文件无法数字输出，所以另外用一部计算机播放拆解成diff格式的DSD文件。其中声音最好的居然是CD！因为很多高清音乐文件来源，可能还有用mp3升频的，我们很难分辨真伪。计算机播放DSD文件，通过USB线连接iDAC-6解码器，使用XMOS USB异步解码方案，最高可以传输DSD256信号。USB线本身有很多问题，用Foobar2000或JRIVER播放器播放DSD文件，声音也有不同，很难有判断标准。

但不管用哪一种音源，Cayin的

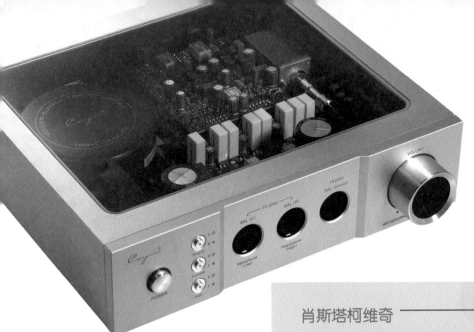

66 套装都表现出中性、信息量高、低音染的优点。当然，如果你喜欢柔美悦耳的质感，它也可以满足你的需求。相对于平实的售价来说，66 套装的表现可以说是物超所值，没什么明显的缺点，笔者愿意推荐给大家。

肖斯塔柯维奇

很久没听过这么精彩的古典音乐录音了。2016 年 5 月 6 日，在欧洲德累斯顿音乐节的舞台上，指挥家 Nelsons 因推广和普及古典音乐所做出的杰出贡献，荣膺"第 13 届格拉苏蒂原创音乐节"大奖。在德累斯顿圣母大教堂的颁奖典礼上，他指挥波士顿交响乐团献上了一台精彩演出。这张唱片收录 Nelsons 指挥波士顿交响乐团的演出曲目。这个音乐厅于 1900 年落成，由哈佛大学年轻的物理学教授华莱士·克莱门特·萨宾担任声学顾问，是世界上最早运用科学的声学原理设计的演出大厅。交响乐大厅以莱比锡音乐厅为原型建造，与阿姆斯特丹音乐厅和维也纳金色大厅一样，都是狭长而高挑的鞋盒形。过去费德勒与波士顿大众管弦乐团在这里留下不少录音，效果卓越，希望 Nelsons 以后继续带来更多好的录音。肖斯塔柯维奇是一位作曲家，他的音乐编制大、低音鼓与铜管构成的声音波澜壮阔，大部分音响系统都无法很好播放。

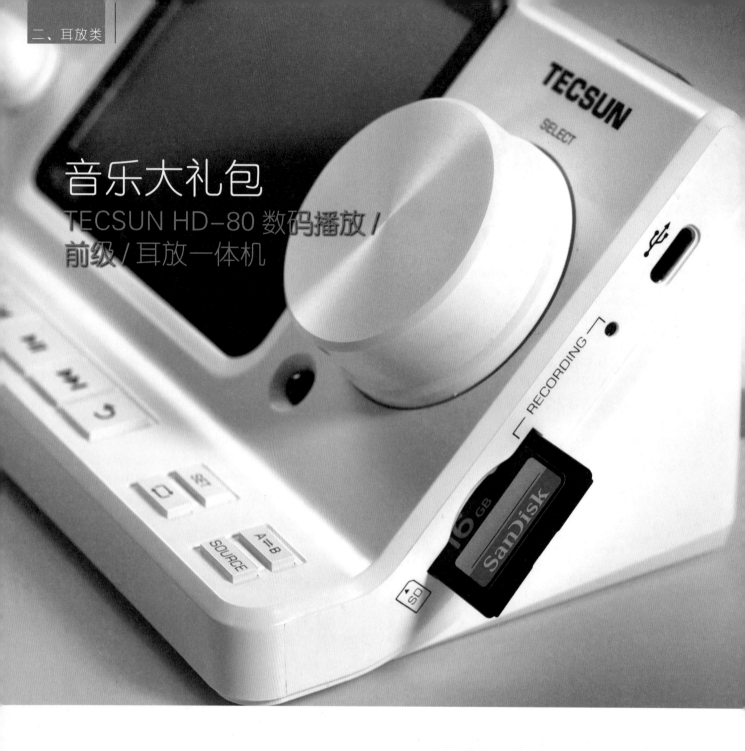

音乐大礼包
TECSUN HD-80 数码播放 / 前级 / 耳放一体机

在高保真音响界 TECSUN（德生）是个新人，但如果将视线放宽到收音机领域，那德生的鼎鼎大名是无人不知的。德生于 1994 年成立，一直以收音机为主业，在收音机领域有无可比拟的地位。

声音为本

早年毕业于华南理工大学的德生总裁梁伟，从孩童时代就热衷无线电，喜欢折腾，从中学时期至今，

他从未停止对无线电和音响技术的钻研，对产品开发和质量有非常执着的追求，是典型的匠人。我很早就认识梁先生，每次与梁先生见面，总会见到他摆弄些新鲜产品，他热情且毫不保留地与他人交流开发心得，并征求别人的意见，做了几十年产品依然能保持创业般的激情，实在难能可贵！

梁先生虽然在收音机事业上已经功成名就，但作为烧友，多年来对好音乐、好声音的酷爱，使他萌生开发高保真产品的想法，他就是那种"干

一行、爱一行"的人。我们在 2014 年见到了 HD100 高保真音乐播放器样机，只可惜这款产品早年受 CPU 性能限制而导致读取速度跟不上需求最终没有大批量投产，但精致的外观设计与考究的工艺却令人耳目一新。随后德生吸取教训，开发出 HD-80 音响管家、功放、音响等一系列产品，同时也在传统收音机产品的声音和功能方面做了更多的探索，研发出性价比非常高的 B5 蓝牙数码播放器，性能与工艺更加完善的 V5 蓝牙/Wi-Fi

直逼 2000 元级别的耳机，性价比不言而喻。与此同时，德生还带来了本文主角 HD-80 数码播放 / 前级 / 耳放一体机，这款产品只需连接在一对有源音响或者功放上，就能组成最简洁的高保真音响系统。由于其采用大容量电池供电，作为音响系统的前级，完全杜绝了交流声。该产品体积不算大且自带高、低阻抗监听耳放，配上一副好耳机还能随身出行，用途广泛且性能不俗。下面我们来仔细看看 HD-80 究竟有什么优点。

HD-80 的技术特点

初看该机，总觉得外观有点另类，纯粹的塑料外壳缺乏档次感，但实际使用时，把 HD-80 放置在办公桌上却感到设计是很人性化的。仪表台上的旋钮和按键布局合理，操控界面用心良苦，结合了传统和现代的使用习惯，很容易上手；微微倾斜的面板使显示屏更容易观看，屏幕不大不小，像素似乎不太高，却能清晰显示所有的信息，比如文件菜单的每层目录都整齐地显示文件名；正在播放的曲目都以时间轴配合数字的形式显示进程；调整音量时以刻度配合数字清晰地显示状态。

显示屏左右两侧和下方分别排列不同功能旋钮与按键。左侧有两个小旋钮：上旋钮用于调整音量，下旋钮

用于改变均衡模式。右侧是多功能大旋钮，用于菜单 / 曲目选择与确认。下方两排按键是录音 / 播放 / 选取 / EQ 均衡 / 播放状态等功能选项。

机身左侧下方有两个 3.5mm 监听耳机输出插孔，分别对应高、低阻抗耳机，以适应各种不同阻抗耳机的驱动，实际的效果非常出色。机身右侧有 USB 插口与 SD 卡插口，原机出厂时附送一张 16GB 的高速 SD 卡，里面存有测试音频和各类音乐文件，当然了，玩家可以随时更换 SD 卡，或拷贝自己喜欢的内容。

再看机背上，你会猛然发现这款小巧的 HD-80 居然配备了立体声 RCA 输入和输出端口，说明 HD-80 还可外接模拟输入，具有数码和模拟的前级功能，输出端口供外接后级功放。除此之外，HD-80 还配备了一个 B 型 USB 接口，可外接计算机，作为 USB DAC 使用。更令人惊讶的是，HD-80 居然可以对模拟输入的音频进行录音，把音频输入信号转录成 24bit/48kHz 或者 24bit/96kHz 的 WAV 格式文件，存储到计算机内存或 SD 卡。这就为 HD-80 带来了更多的可玩性，比如连接到音质好、又难以抓轨的 SACD 机模拟输出端，直接进行抓轨；连接到唱头放大器，将黑胶模拟音乐录制成数字文件；连接到调谐器，录下值得保存的广播

数码播放器，成为市场的爆品。

新的蜕变

而德生真正令人刮目相看的，应该是一副"草根耳机"，这款仅售 700 元的头戴式耳机采用了胡桃木制作外壳，用优质皮革包裹头梁，附送一个木制包装盒，质朴得相当够味。而这副"草根耳机"最令人敬佩的，是采用了与国外某名牌耳机结构完全一致的大口径驱动单元，然而使用相同单元的产品售价却是"草根耳机"的 3~4 倍。"草根耳机"的声音表现

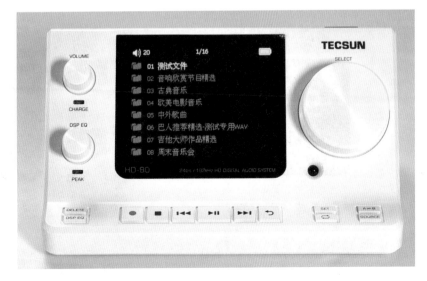

声音；K歌时，你可以连接到无线麦克风的线路输出，现场录音！另外，HD-80还具有高/低录音电平控制、录音过程峰值电平过载保护功能。上述所有的功能，你都可以通过全功能遥控器操作。另外，HD-80内置两颗18650mAh的锂电池并联供电，实测续航时间在10h以上。直流供电完全避免了交流电源可能引入的信息干扰，因此声音表现更干净纯粹。

作为数播令人满意

试听过程我将试音的文件拷贝进SD卡，这样是最方便的。我也曾用Sound Art的USB线连接电脑，但总觉得方便性不如将HD-80直接当数播，而且声音素质方面，听不出来有多少差距。HD-80作为数播与前级，连接高班的E50合并胆机，由胆机来控制音量，这样不用担心HD-80输出太高出现失真情况，还能获得最大动态的表现。当然，你也可以预先固定好功放的音量，用HD-80控制音响系统的音量。对比试听Soulnote入门级的S300 CD机，HD-80身价比S300低50%，声音表现却不输S300。

通过对比同一录音的CD直接播放与抓轨文件，音色方面，HD-80显然比S300更稳重纯美，音域更宽广，重播多种风格的唱片皆是HD-80更为均衡通透，音响效果更

出色。重播交响乐时，HD-80可提供令人心花怒放的音响效果，其收放自如、下潜力突出且结像立体鲜明的低频部分最为吸引人，这样的结果的确令我感到有点意外。

以前，低价数播的弱项是低频表现不好，只在音色细腻度、分析力及自然醇厚方面常为人称道，如今我竟能在HD-80这部低价数播上体会到它在低频方面如此突出的表现，不得不问梁先生一句：你是怎么做到的呢？HD-80的低频收放自如，结实有力的音响效果即使是重播雨果钢琴协奏典《黄河》依然能让人感受到它的实力，这方面价格更贵

的CD机完全占不了便宜，在某种程度上我认为HD-80的效果更佳。另外，HD-80的全频速度好得令人难以相信是这么一台小小的数播所为。它的速度够快却没有半点机械化的硬朗感，音质的活跃感比起更高级的CD机也不遑多让。而且HD-80的表现其实是很均衡的，不卖弄花巧，全频厚度感适中，音色细腻不冷硬。虽然音质未达到丝绸般的顺滑光泽，也未有上等红酒的甘醇、层次丰富，但通过HD-80重播的唱片，不论是人声、小提琴、钢琴、吉他还是电子合成乐，总给予我一种亲切感，各类型的录音总是那样容易

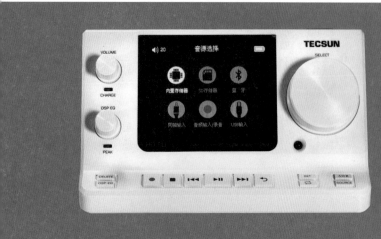

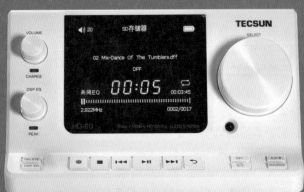

入耳，没有令人听得烦躁想换曲的冲动。

再深入比较，我不得不直言，HD-80相比S300 CD机，表现更佳的还在于能够重现深层次的音场、更结实的低频下潜力和更自然的高频延伸，如此一来带来了真正意义上的音乐表现力，也就是说音乐的信息量更加丰富了，音乐的生命更丰满了，更具有一种勃勃的生命力。比如重播帕尔曼《辛德勒名单》，小提琴的音色更显得哀怨缠绵，琴腔共鸣也更有质感一些，虽谈不上有多高贵华丽，但细节与泛音还能完整重现。HD-80重播的音乐文件，总是具有更多的音乐信息，展现着更广阔的音乐空间。比如重播男高音卡雷拉斯演唱的《中南美洲弥撒》，表现出的录音素质很高，歌声朴实，情感诚挚而丰富，没有一点造作的痕迹，尤其是在声场的展现上，宽大而且深远。HD-80重播明显感觉在深度上比S300增加了1/3至1/4的距离，隐藏背景特别的黑静，合唱组的规模虽然没有给人更庞大的感觉，但口形解像的实体感明显得到加强，有一种更明确的定位感。S300的中、低频是有一点散乱

的，HD-80得到了很好的控制，也有了更自然的弹性，变得更从容有力。卡雷拉斯的嗓音有了更多的水分，演唱也更从容，充满弹性的歌声相比较而言也具有了更自然的温厚感，这是在S300 CD机上难以体会到的。

作为耳放很称职

HD-80具有高、低阻抗两个耳机插孔，如此重视耳放的设计，我相信德生在此也是下了功夫的。于是，我在试听时也找了德生自家的"草根耳机"和HIFIMAN HE1000V2耳机搭配试听。驱动"草根耳机"，HD-80真是得心应手，游刃有余，无论动态与音场都有出彩的表现。而将HE1000V2插入高阻接口，HD-80的驱动力属于刚刚够用的程度，动态没有驱动"草根耳机"那么从容，但整体音质更厚润，色彩更华丽丰富，音场也更庞大宽广。比如重播吉列尔斯的贝多芬《热情》，琴音

丰富而微妙的震颤所产生的共鸣，竟然是那样的丰富而绵密，在这之前很多中高价位的便携数播都无法提供这么有气势的听感，由高频到低频的动态与空气感，可以用华丽、宽厚来形容，真让我有一点喜出望外。HD-80耳放的声音准确细腻、乐感丰富、动态宏大、音场深阔、音色华丽，正是我希望拥有的数播耳放的声音。

总结

以这个价位看HD-80，声音表现、功能性和操控感我都无可挑剔了，唯独外观风格一直是我下不了决心的一道坎，衷心希望德生未来能够以HD-80的价格为基准，以HD100为蓝本推出升级产品，那我就没有理由再犹豫了。

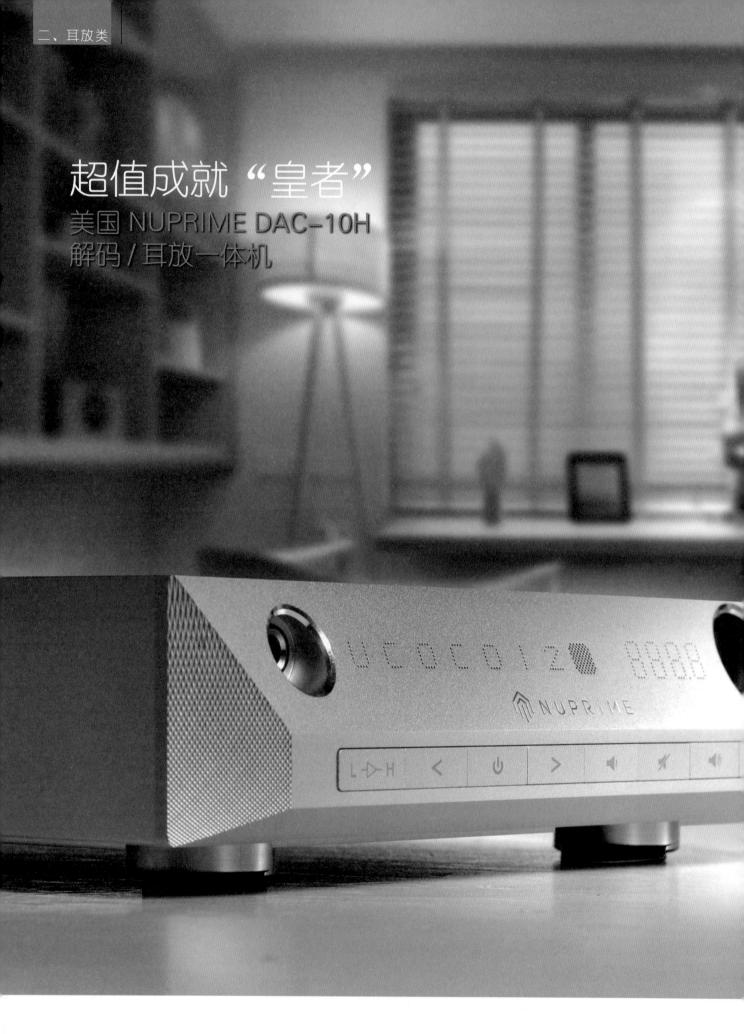

超值成就 "皇者"

美国 NUPRIME DAC-10H
解码 / 耳放一体机

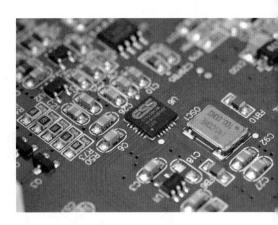

个全新打造的美国新品牌——NUPRIME（新派），品牌创立于 2014 年，制造工场位于中国台湾北部，前身为 NuForce（新智）。NuForce 被投影机大厂 Optoma（奥图码）集团所收购。NuForce 是 Jason Lim 在 2005 年与美国硅谷的朋友以及一位越南籍华侨工程师共同创办的，并由 Jason Lim 担任品牌 CEO。在其带领下，NuForce 品牌在音响界知名度以及美誉度很快提升。2014 年，Jason Lim 决定离开其创办的品牌公司，与 NuForce 的 OEM 工厂一起买下 NuForce 高端音响产品线资产，并成立新品牌公司——NUPRIME，继续专注于 Hi-End 市场的技术研发与创新。新创立的品牌 NUPRIME 在短短的一年时间里，就推出了众多新型产品，获得了众多音响发烧玩家的青睐。

说起 NUPRIME 的创始人 Jason Lim，他早期曾留学于美国，正值计算机产业发展萌芽阶段，刚好 Jason Lim 大学时期所修专业为计算机专业。在他 13 岁那年，父母花费了六个月的薪资为其购置了一台苹果计算机，对于当时的他来说，如同新时代的降临。随后，Jason Lim 就此喜欢上了这台机器，同时也激活了他对计算机专业的"狂热分子"，决定大

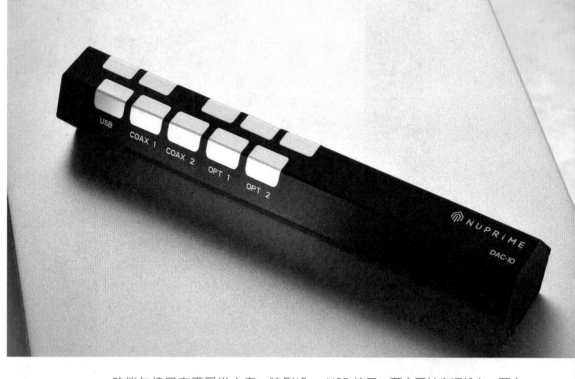

学选择修读计算机专业，并且在大学毕业后投身于计算机产业。Jason Lim 先后从事 CPU 设计以及软件开发等工作，慢慢地变成自主创业，继续向计算机、电子方向努力发展。其拼搏经历对他后来创立自己品牌的核心价值观有重要影响。创新、领先、专注成为 NUPRIME 的核心价值观。

NUPRIME 品牌是以 Hi-End 创新精神为目标，致力于研发出价格实惠、适用于普通发烧玩家，同时具备高端性能的音频产品。NUPRIME 认为 Hi-End 的精神在于设计的不妥协，而非使用昂贵的零件。为了有效地控制成本，NUPRIME 采用紧凑型机箱，以极简风格的设计确立形象，并以代工厂强大的技术，有效地解决了狭小空间最棘手的干扰问题，造就了超高性价比的系列产品。

打造创新型一体机

NUPRIME 旗下推出的产品型号众多，但是在推出的众多产品中，DAC-10H 解码/耳放一体机值得音响发烧玩家留意。DAC-10H 是一款集前置放大器、解码功能以及耳机放大器于一身的一体化器材产品。仅从外观上看，最引人注意的是前置面板部分的显示区域，大部分器材产品配有 LCD 液晶屏幕显示方式，而 DAC-10H 却采用了较为特别的点状式小孔排列成字的设计风格，小孔内设 LED 灯，当设备启动时，会发出蓝色迷人灯光，突显其个性。另外，

功能与接口方面同样丰富，特别设置有一个 4 针式 XLR 平衡输出接口，我们注意到一体机器材产品以搭配基本应用输出接口较多，带有平衡输出接口的一体机产品相对较少，由此看出 NUPRIME DAC-10H 解码及耳放一体机是一款相当具有技术含量的器材产品。

首先，我们从机身前置面板可以看到整齐划一的按钮阵列，包括开关机控制按键、音量控制按键以及各功能性选择按键等，在靠近 LED 灯显示区域左边设置一个 6.3mm 非平衡输出接口，而右边则设置一个 4 针式 XLR 平衡输出接口，显示区域下方标有烫银效果标识的 NUPRIME 标识。DAC-10H 还有一个特别之处，即配置高低增益按键，玩家可手动选择增益调节按键。其前级模拟输出端增益可以调节，耳放输出端增益同样可以调节，要是把模拟输出端增益调高，整体耳放增益也需相应提高，并提供四种不同增益设置方案，以便推动各种阻抗耳机产品。

机身背面输入端部分配备一个

USB 接口、两个同轴音源输入、两个光纤信号源输入以及两组模拟 RCA 音源输入，输出端部分配备两组信号源输出、XLR 平衡输出接口以及 RCA 非平衡输出接口各一组、一个电源接口以及一个电源总开关按键。DAC-10H 整体机身外壳以银灰色为主色调，极具时尚简约主义的设计风格，没有过多的浮夸，也没有过多的奢华装饰，在给人留下几分沉稳踏实感觉的同时，完全符合 NUPRIME 品牌形象以及对 Hi-End 创新精神的定义。

高性能设计

DAC-10H 内部搭载了一颗顶级数字模拟解码芯片——ES9018K2M 解码芯片，具有超低失真性能，可以更有效地呈现音乐的细节，并拥有高动态范围（DNR），采样率最高支持 32bit/384kHz PCM 以及 DSD256。同时，它也可以通过 ASIO2.1（可以支持最高传输 11.2MHz）以及 DoP（可以支持最高传输 5.6MHz）两种方式播放原生 DSD 格式文件。

在前级放大线路设计上，DAC-10H 参考了过去旗舰前级产品设计方

案，采用薄膜可变电阻堆砌式结构制作音量控制方案，在任意指定的一条信道中，信号只经过单个电阻器，使每一级输入都有独立音量控制，以0.5dB作为一级，逐级递增，最高音量为99级，从而不让音量调节过分增大或者过分减弱。另外，在每次设备关闭前，DAC-10H都会记录最后一次操作状态，以便在下一次开启设备时仍然保留上一次关闭设备前的操作，体现了人性化的设计。为了有效地把噪声降至最低水平，耳放部分在输入端采用了超低噪声的场效应管高阻抗输入，同时单端耳机输出使用了OPA2134运算放大器，再把信号传送到另一芯片。电源部分采用的是线性电源，搭载一个环形变压器，分开左右两声道独立供电。

充分发挥最理想的声音

在试听过程中，笔者特意使用了DAC-10H来推动HIFIMAN HE-560平板耳机并连接CD唱机。HIFIMAN HE-560平板耳机是一款全尺寸平板耳机，采用了单端单元设计，频率响应范围为15Hz~50kHz，耳机阻抗为35Ω，用DAC-10H这种全能的一体机来推简直绰绰有余。输出端选用了XLR平衡输出接口。播放小编制式管弦乐帕赫贝尔《卡农》，旋律一响起就感受到丰富的低音细节，动态表现恰到好处，声音凝聚结实干净。弦乐呈现出鲜明的质感以及密度感，略带一点颤动，音色自然适中，层次分明。

而重播大编制式交响乐德沃夏克e小调第九交响曲《自新大陆》的第四乐章，主旋律由小号以及圆号共同奏出，副旋律则由单簧管奏出，开始时不断涌现出的动态，威武而雄壮。此时，笔者听到的不只是那股气势，还有乐器所散发出的质感。然后，管乐器呈现出柔美且抒情的旋律，弱音部分的细节表现无与伦比，众乐器的合奏加上鼓声的衬托，带来了

瞬间的震撼感，清晰分明的层次表现在脑海中涌现出如现场般的画面。

由美国著名女歌手Whitney Houston演唱的《I will always love you》，收录于个人专辑《The bodyguard》中，是奥斯卡电影《保镖》主题曲。重播时，DAC-10H不仅展现出乐器的丰富，回放人声同样让人着迷。Whitney Houston开始时的一小段清唱，表现得独特迷人，本来带着悲伤抒情的旋律，在DAC-10H回放下显得细腻柔情，突显出浓郁的中频。Whitney Houston的声线轮廓呈现得鲜明且温润，副歌部分歌声稳步攀升至最高音，且高音平滑不会过分延伸，歌曲的整体听感足以让人陶醉。

总结

NUPRIME DAC-10H从定位和声音水准上来

说，是参考级别的器材，但从价格方面来看，又属于入门进阶级别器材的价格，做到了前面提到的注重产品的设计，而并非简简单单使用昂贵的零件，以打造出高性价比的产品。同时，Jason Lim正是通过不断努力运用各种创新技术提升音质，提升性能，提升产品品质，才诞生了DAC-10H解码及耳放一体机这类产品，充分体现其创新、专注的核心价值观。

给苹果增添Hi-Fi乐趣

FiiO Q1 Mark II 便携式解码 / 耳机功放一体机

- 输出功率：>75mW（PO/32Ω）、>220mW（BAL/32Ω）
- 失真：<0.003%（USB DAC）、<0.002%（AUX IN）
- 信噪比：>115dB（AUX IN）、>110dB（USB DAC）
- 最高支持采样率：32bit/384kHz
- DSD 支持：DSD64/128/256
- 电池容量：1800mAh
- 续航能力：>20h（AUX IN）、>10h（USB DAC）
- 推荐适配阻抗：16~150Ω

对于大部分"时尚流行"一族来说，现在手上只要有一部手机、一副耳机，就可以聆听到美妙丰富的音乐，根本不需要再考虑便携式音频播放器一类的相关产品，因为现在所出厂的智能型手机集成了众多人性化以及娱乐体验方面的功能，如音频 / 视频播放、图片制作处理等都可以在手机上进行操作，方便快捷。但对于发烧玩家群体来说，就不是如此简单了，有的发烧玩家为了满足个人听音需要，还特意添加一

部耳机放大器，并带有电子管式或芯片式，最好有独立解码功能，普通的听音方式基本没有办法满足这群对高品质声音有所追求的发烧玩家。

音乐播放器品牌——FiiO 一直致力于为众多发烧玩家打造高品质音乐器材及其相关产品。FiiO 曾发布了一款全新的便携式解码及耳机功放一体机——Q1 Mark II，这款 Q1 Mark II 便携式解码及耳放也为发烧玩家带来不同的听音体验。说到解码及耳放，一般只是纯粹地起到声音质量提升的

作用，经过一系列独立信号解码处理以及声音信号放大处理，从而实现高品质的声音信号输出。最终声音质量提升效果如何，这取决于发烧玩家手中的器材产品。

FiiO Q1 Mark II 主要针对的是苹果及其相关移动便携式器材产品，可以让你手中的苹果产品同样具备 Hi-Fi 高保真音效效果。所以，它在机身内部搭载了具有 Hi-Fi 解码能力的强劲芯片，并支持原生 DSD 功能，采用 XMOS 平台，最高支持高

达 32bit/384kHz 采样率的 PCM 音频流，同时支持原生 DSD 声音信号输出，高达 DSD256 规格。当输入的音乐文件为原生 DSD 格式时，绿色指示灯会自动亮起，真假 DSD 一辨就知。另外，针对不同采样率实现更精准的数模转换，它还配备独立双时钟晶体振荡器。

Q1 Mark II 采用专业级别的音频线路、高性能的解码、运放以及耳放芯片，其中音频 DAC 芯片采用了 AKM 公司出品的 AK4452，具有

支持高采样率信号、高信噪比以及低失真等特点。耳机放大器部分使用 OPA926 发烧级芯片，不仅具有低失真和低噪声性能，还可以增加前级驱动以便调音。LPF 则采用德州仪器出品的 OPA1662 芯片做驱动线路输出。

整体外观方面，Q1 Mark II 采用全金属材质打造机身外壳，通过喷砂阳极处理，搭配圆形设计风格，呈现既简洁又时尚的观感，触感上细腻顺滑，并且能有效抵抗外界电磁干扰，

当与苹果产品捆绑在一起使用时更加放心。机身顶部使用沉浸式面板设计，配备两个 3.5mm 单端线路输入 / 输出插孔、一个 2.5mm 平衡耳机输出插孔以及一个音量旋钮。音量旋钮采用倒锥形开关设计，并配合沉浸式面板，在有限的空间内方便旋钮转动。此外，倒锥形的设计还可以消除装配间隙，搭配 45° 弦纹和红圈装饰，更加美观耐看。在声音调节上，它采用创新型 ADC 音量调节，通过 ADC 曲线重构，有效解决在小音量调节时左

右偏音的问题，以及长时间使用后可能会出现的噪声问题，并且大幅提升调节精度。

机身底部位置带有一个 USB 接口、左右各一个高低音增益调节功能键以及低音开关功能键。USB 接口使用了较为人性化的设计，可以自动判断输入的信号源，不必手动选择是计算机还是苹果产品。当信号输入源为苹果产品时，它会自动关闭充电功能，而当信号输入源为计算机时，则会打开充电功能。另外，在高增益状态下，它适合搭配阻抗较高的耳机产品。启用开关功能可以满足玩家对不同音乐类型的听音需求。

Q1 Mark II 与苹果设备搭配进行试听，在试听过程中关闭低音功能，可以呈现出真实的低频音效。在播放的一段由德国著名电子乐团 Enigma 演奏的《Return to Innocence》中，Q1 Mark II 演绎出充沛的低频动态，强烈的节奏感如活泼的音符在缤纷舞动，真实的音色表现再加上迷幻的电音更呈现出丰富的密度感以及细节表现力。当聆听到由美国女歌手 Minnie Riperton 演绎的流行曲《Lovin'you》时，清新自然的女声既细腻又富有感情，即使副歌部分出现的海豚音，仍表现得如此顺滑，高音的延伸并没有过分的毛刺感。紧接着，播放罗西尼著名的《威廉·退尔》序曲，优美的旋律体现了乐器间鲜明的层次感，节奏生动宛如一首交响诗，整段乐曲表现流畅自然，瞬间响应也显得十分明快，毫无半点拖沓。

总结

FiiO Q1 Mark II 身形纤细轻薄，十分适合随身携带，音质表现出色。除此以外，Q1 Mark II 不仅可以连接苹果手机以及其他苹果数码产品，还可以作为 USB DAC（数字模拟转换器）连接个人桌面计算机，从而让你随时享受 Hi-Fi 级的音乐。

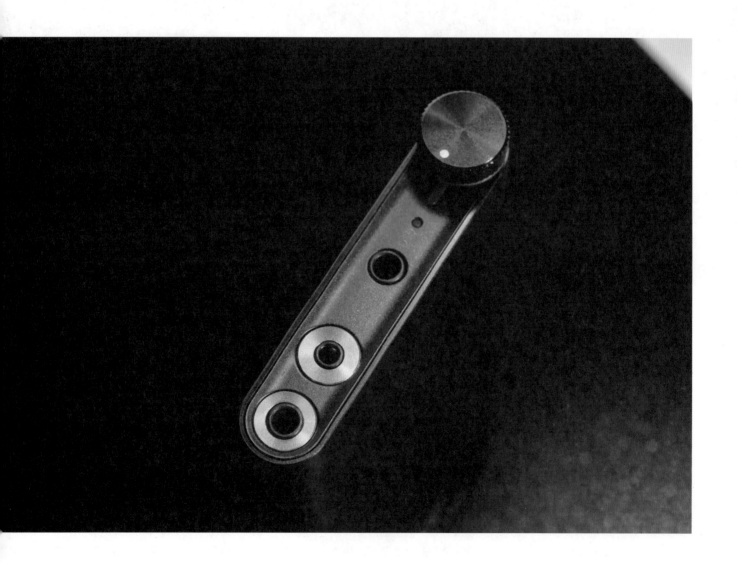

摩机王的心血杰作

美国乐威 ModWright
HA300 耳放 / 合并功放

● 电源分体式设计
● 频率响应：20Hz~30kHz（−1dB）
● 输出功率：8W/8Ω
● 失真率：0.4%
● 噪声：−105dB
● 使用电子管：2×6BM8、2×300B
● 输入：2 对音 / 视频接线端子
● 前置放大器 输出：2 对音 / 视频接线端子
● 耳机输出：IEM（3.5mm、6.5mm）、4 针平衡各一个
● 尺寸：20.3cm x16.5cm x30.5cm

从 HIFIMAN 推出 SUSVARA 平板耳机后，83dB/60Ω 的低灵敏度把很多人都吓坏了，中国香港音响展上 HIFIMAN 用一部 Densen（丹麦王子）的合并功放搭配阻抗匹配器来推动，老实说效果一般。所以，HIFIMAN 自己造了一部 EF1000 耳放，它在 35Ω 负载时输出纯甲类 20W 功率，才能使 SUSVARA 平板耳机的全部实力发挥出来。其他耳放的输出功率都不大，怎么办？天津拉菲尔推出的 B25 耳机阻抗匹配器，有了它你可以连接任何喜欢的功放，甚至搭配 Accuphase A−250 纯甲类单声道后级，或者 Burmester 082 合并功放，都可以听到非常宽松的音质、非常丰富的细节以及宽阔无边的声场。最近，笔者偶然发现艾诗 MDAC6 译码 / 耳放也可以把 SUSVARA 平板耳机推得不错，惊喜之余更觉性价

比超高，不过大动态时仍然差强人意。

看起来寻常耳放是无法完全满足 SUSVARA 了，有机会买了这么好的耳机，却不能把所有潜力尽情释放，该有多可惜啊！这部 ModWright（乐威）推出的 HA300 耳放，保证让 HIFIMAN SUSVARA 旗舰平板耳机服服帖帖，而且价格与 SUSVARA 耳机"门当户对"。ModWright 是美国"发烧"界赫赫有名的摩机品牌，2000 年由精通电子技术的 Dan Wright 创立，提供针对数码服务器、解码器以及真空管模拟输出级等摩改服务，真空管内置 / 分体电源，机体内置数码时钟、读碟缓冲装置等。1999 年面世的 Sony SCD-1 SACD 机，使用了当时最好的结构和材料，ModWright 试图让其成为新世纪参考的标准。其结构虽佳，但带有浓厚日本风格的声音未必人人喜欢，到最后很多发烧友只拿它当转盘使用。它的转盘部分十分出色，除了同厂的旗舰 CD 转盘 CDP-R10 外几乎没有对手。摩机王 Dan Wright 忍不住出手对 Sony SCD-1SACD 机进行改造，让声音变得既温暖又大气。于是，ModWright 公司在 Hi-Fi 圈短时间声名鹊起，收费更是超过 SCD-1 原来的身价。

摩改改得再棒也不能说是自己的产品，Dan Wright 后来以 ModWright 品牌推出了 SWL 9.0 真空管前级、SWP 9.0 发烧唱头放大器

与 KWA 150 后级等产品，声音一流而价格亲民，这下就更受欢迎了。在 ModWright 的产品中，所有型号都暗藏"密码"，例如"SW"是他儿子 Spencer Wright 名字的缩写，"9.0"来自于 Spencer 出生时的体重 9 磅（约 4.1kg），推出后旋即获得美国《发烧天书》之"金耳朵"及"编辑首选"两大奖项。

新的 ModWright HA300 耳放总

算把功率提升为 8W/8Ω，笔者很明确地说，它可以把 HIFIMAN SUSVARA 平板耳机推得轻松自在，切换成合并功放时，直推德宝 Quadral Platinum+Nine 落地音响同样游刃有余。笔者主要目的是验证 HA300 耳放部分的素质，所以又尝试听 HIFIMAN 第一代的旗舰 HE-6（灵敏度 83.5dB/50Ω），另外加入 FOCAL Elear（灵敏度 104

dB/80Ω）与森海塞尔 HD800s（灵敏度 102dB/300Ω）两副耳机，证实只有一组 8Ω 负载输出的 ModWright HA300 耳放可以全部搞定。

这些耳机中 FOCAL Elear（仅次于旗舰 Utopia）采用耳机厂商里极少使用的铝镁合金作为单元振膜，在设计和调声方面有着明显的 FOCAL 特色。从声音上讲，Elear 是一副重心偏低、中低频厚度感非常好的耳机。和参考级经典耳机 HD800 相比，HD800 的声音可谓轻盈透明而开放，而 Elear 的声音显得沉稳丰厚。有些人把 Elear 形容为很像是在听扬声器而不是听耳机，大概就是因为它具有难得的高密度感和过人的沉稳感。

在几副耳机里，Elear 的声音厚度感最突出，结像具有饱满的血肉感，平衡方式最偏下盘，高频相对不那么透亮，声场靠得比较近，更适合听流行音乐。森海塞尔 HD800 声场越靠后越开阔，有一种大音乐厅的厅堂感，聆听大编制古典交响乐有如身临其境。HIFIMAN SUSVARA 的声音通透度极好，低音极有弹性，音质极漂亮，自然流畅毫无压力，可

以诠释任何一种音乐。以搭配性来说，FOCAL Elear 极友善，用随身播放器与小耳放就可以推得很好；森海塞尔 HD800 个性比较明显，对耳放的要求是音质高于推力；HIFIMAN SUSVARA 很难搭配，音质与推力缺一不可，推力一般就能发出很平衡的声音，一旦给它配上好的耳放，表现能力深不可测。不管是哪副耳机，输出功率为 8W 的 ModWright HA300 耳放都能推得虎虎生风，音响要素一应俱全，而且还赋予胆机特有的温暖、舒适。

从摩机开始，Dan Wright 深深体会到每个零件、每道工序对产品的素质影响甚大。因此，ModWright 每件产品的零件都经过精心挑选，维持足够的老化时间，所有装嵌步骤仔细检测，每部器材组装完成后立即进入听音室验收，所以 ModWright 甚至比一些大厂的产品还要稳定可靠。上一代 ModWright Tryst 有前级输出，设计者表示可以搭配同厂的

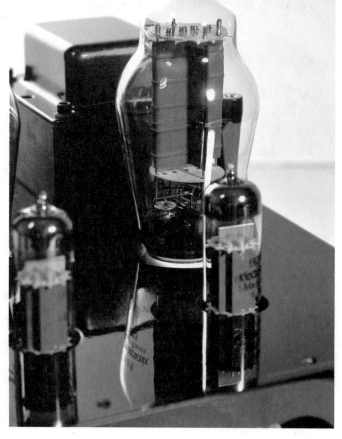

后级来推动其他音响，ModWright HA300 摇身一变成了电源分体式的合并功放，整机为无负反馈甲类放大设计。HA300 机身因着一片银绿色的弯曲金属板而有画龙点睛之妙，面板上配备 4 针平衡、3.5mm 与 6.25mm 三组耳机接口，左边旋钮是输入选择，右边旋钮是音量控制。在外露的变压器与电子管下面，Dan Wright 展现摩机王的功力，使用了包括 NOS 俄罗斯军规银触点切换器、MWI 和 NOS 油浸电容、NOS 电子管和碳膜电阻等所谓发烧"补品"元件。连分体电源之间使用的接线都是美国 WyWires 的产品，也是《发烧天书》经常推荐的超值选择。

一些电子管耳放具有多组抽头以搭配高、低阻抗耳机，HA300 只用一组 8Ω 负载输出就行走江湖，可靠吗？前面已经说过了，HA300 出乎意料的强劲推力，把 HIFIMAN 两只最难推的平板耳机 HE6 与 SUSVARA 都推得虎虎生风，高阻抗的 HD800 也推得雄壮威武。由于 ModWright HA300 的电位器是无段式的，不断向右旋转就能带来更大的音压与动态，直到耳朵受不了为止，笔者似乎没察觉它的底线在哪里。以艾诗 MBox 播放器 +MDAC6 译码为音源，以平衡接口方式连接，ModWright HA300 在驱动力、音质的温暖感、动态与冲击力方面表现甚好。

HA300 虽然温暖宽松，但不是重心偏中低频、声音厚实的耳放，所以可以

让 Elear 耳机发出明快利落、三频均衡、动态冲击力俱佳的声音。搭配森海塞尔 HD800 相对来说声音表现较为细腻清纯、轻盈、音色中性。搭配 HIFIMAN SUSVARA 平板耳机，声音拥有优雅贵气的音质、"无敌"的透明度和开扬的声场，比起 Elear 少了一些肉感，却多了丝绸般的光泽。三种耳机搭配这部耳放都能和谐不悖，并且很清楚地区分出来，这说明 ModWright HA300 本身是很中性的，没有附加过多的音染。从邓丽君

的《岛国情歌》、蔡琴的《金嗓子》，一直听到珍妮弗·华恩斯的《猎人》，笔者越觉得 ModWright HA300 很会"放毒"，尤其人声部分饱满有弹性，又兼顾表情变化，简直能迷倒众生。《猎人》这张专辑由《蓝雨衣》原班人马携手打造，特别邀请曾获得格莱美奖最佳录音的 Elliot Scheiner 担任录音师，珍妮弗·华恩斯柔美又磁性的嗓音，特别能征服喜爱成熟、浪漫风格音乐者的心，录音温暖、通透、定位好、音场宽，是少有的碟中"圣品"。ModWright HA300 耳放仿佛是猎人，专门掳获耳朵挑剔者的心，笔者实在很难形容那种感觉，反正在聆听过程中，不知不觉忘了正在进行的评论工作。

如果作为一部 300B 合并功放使用，ModWright HA300 又会如何？试听过程笔者联想到美国 Cary CAD–300SEI 合并式胆机，它使用一只 6SN7 放大，两只 6SN7 驱动 300B 功放，标示输出功率 15W。从推力上来说，Cary 占有优势，二者都有浓郁的胆味，但 ModWright 的细腻委婉程度更出色。HA300 并非厚重浓稠的类型，保持了 300B 功放精巧灵活的特色，但另外赋予了柔软的身段与迷人的弹性。8W 输出功率绝非万能，但用来听一些流行小调已是绰绰有余，试听时通过背后的拨杆在耳机与功放输出之间切换。

对笔者而言，ModWright HA300 是一部声音几乎没有缺点的耳放，同时也是一部魅力洋溢的 300B 功放，唯一摆在我们之间的障碍，大概是它的售价了。不需要供房养车、不需要按揭贷款、生活滋润的发烧友，诚挚地向你们推荐 ModWright HA300。

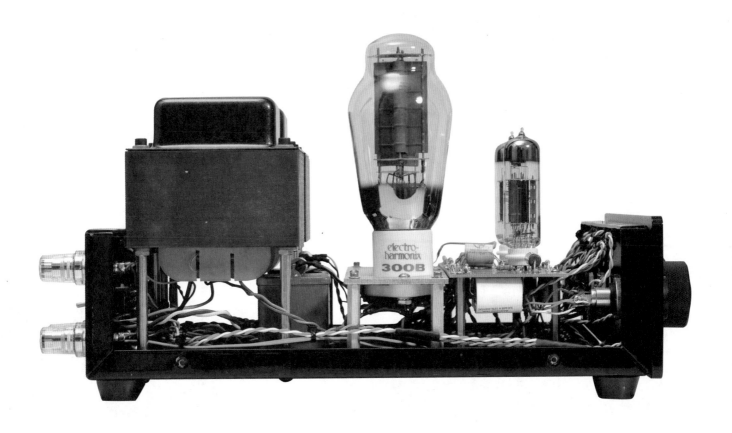

小身材、大味道
HIFIMAN MegaMini "小
强北美版"

质有一定要求，但是大部分时间还是用手机来听音乐，主要原因是轻便，手机厂家们也在不断用"HI-Fi"这个标题来提升产品吸引力，这也说明用户对于音质的要求也在不断提高。

烧友都知道，就算手机用上专业级别的解码芯片，也无法代替专业随身听厂家的产品。因为手机越做越薄，大部分空间都用于构建基本功能，剩下不到百分之几的空间来做音频处理部分的架构，想用电容调音都不行，所用零件更不可能是高成本的"补品"元件。你说声音能好到哪里去呢？

在 2008 年，HIFIMAN 成 为 推出随身高保真音乐播放器的先行者，当时采用昂贵的 Hi-Fi 级别元件的HM801，创造出非常出色的音质。但是体积大和耗电量大的问题让人有点吃不消，续航只有 4 到 5 小时，所以只有追求高保真的发烧友才会购买这类小众产品。边仿博士注意到这个需求，将这种音频技术应用到更

" "迷你"，在当今工业世界里是一个潮流趋势，也代表着技术和设计理念的不断创新。鉴于"迷你"这个理念，各大随身听厂家可谓是各自发挥所长，推出各种迷你型的播放器。作为 HIFIMAN 的品牌创始人兼 CEO 的边仿博士当然也不甘示弱，继 SuperMini 之后再次强势推出更加迷你的 MegaMini "小强北美版"。

一个品牌的新品，代表着公司灵魂人物对未来的远见、憧憬和自身实力。然而，对音乐非常痴迷的同时对音乐也有深入了解的边仿博士发现，当代很多年轻人虽然对音乐的音

轻便和小巧的播放器当中，继续将高品质的音乐播放器越做越小。终于，HIFIMAN 推出了高科技便携音乐播放器 MegaMini "小强北美版"。

MegaMini "小强北美版"

我们可以看到 MegaMini 的外观设计方面沿用简洁大方的设计风格，非常轻薄，十分对得起"便携"二字。MegaMini "小强北美版"的体积为 10cm×4.3cm×0.9cm，仅重 69g。其外壳采用铝合金材质，CNC 一体化成型，侧身采用带有一定角度的菱形腰线设计，搭配银色机身，时尚、大方、质感强烈。

MegaMini "小强北美版"支持包括 WAV、FLAC 在内的绝大多数无损音乐格式，且支持 DSD 格式文件，最高支持 256GB 的存储卡，可存储大约 8000 首 CD 音质的无损音乐。

MegaMini 使用彩色 LED 屏幕，操作界面人性化，简洁易用，且可以显示歌曲名称、专辑封面、格式、比特率、播放时间等信息。MegaMini 理论续航达 15h，足够你用好声音打发无聊的等待时间，彻底摆脱手机听歌时音质差、耗电快的困扰，沉浸在美妙的音乐世界中。

它采用安卓通用接口，充电器或移动电源均可方便地为其补充电量。尽管体积小巧，MegaMini 依然拥有 HIFIMAN 标志性的出众音质，非常适合搭配耳塞及便携式头戴耳机，随时随地享受真实而美妙的高品质音乐。

音色接近 HM901s

这次 MegaMini 采用单端输出设计，厂家介绍其音色接近 HM901s。在亲耳聆听 MegaMini 之后，我不得不折服，MegaMini 的声音果真有 HM901s 的声音取向，但也仅限于音色接近，质感上还是有区别的。

HM901s 质感高贵，而 MegaMini 则显得平易近人一些。

试听环节

MegaMini 的搭配组合里面肯定少不了 HIFIMAN 山新限定版 Edition S 动漫音乐耳机，以及 iBasso IT03 与森海塞尔 IE800。

首先让"女王"上场。这套组合的声音不用说肯定是走 ACG 路线的，要不然怎么会成为"山新女王"的日常必备呢。除了 ACG 音乐之外，其他乐种表现又如何呢？聆听披头士（The Beatles）乐队的《Sgt. Pepper's Lonely Hearts Club Band》专辑时，不仅人声定位精准、形体立体，而且人声部分有很强的前凸感，感觉歌唱者就在我们面前，这是拜其饱满的中频所赐。而贝斯与底鼓声音的颗粒感很强，这不仅是其低频的功劳，更重要的是极佳的瞬态反应。这样的瞬态反应对于摇滚乐是极好的，不仅声音硬朗有力，而且高速演奏的时候毫不拖沓。

相对比搭配"女王"的萌音电声，MegaMini 和 iBasso IT03 搭配则是另一种风格的声音，音色柔美亮丽，若用颜色做比较，有着一种日出时的灿烂金色。聆听小提琴时，琴声优美有活力。以往所听到的那种刮耳的铁丝声在这套组合下全然听不到，取而代之的是中频极有温度韵味的绝美之声。再者，我非常喜欢这套组合下的声场，这种声场非常真实而自然，非常接近音响甚至现场的声场。

紧接着搭配森海塞尔的旗舰耳塞 IE800，这套组合最吸引我的地方便是其低频，不仅量感充足，而且非常有弹性，绝不是那种猛捶心头、咄咄逼人的低频，相反是宽松的、耐听的低频。再者，其动态表现也非常优异，无论是乐曲低潮时低音提琴和大提琴轻轻的拉动声，还是爆棚时各乐器的细节，都能听得到。

其实，三款组合实力相当，但又有着自己的特色，没办法说搭配谁是最好的，只能是按玩家自己的喜好搭配了。

总结

MegaMini "小强北美版"是一款将"迷你"进行到底的高品质音乐播放器。说到推力，又得说 HIFI-MAN 的黑科技了，它继承了"超级小强"的强大推力，从实际听感上来说，推力稍微比"超级小强"低一点，但是换来了更加柔顺优美的听感，与全新的外观设计相得益彰。MegaMini "小强北美版"人人值得拥有！

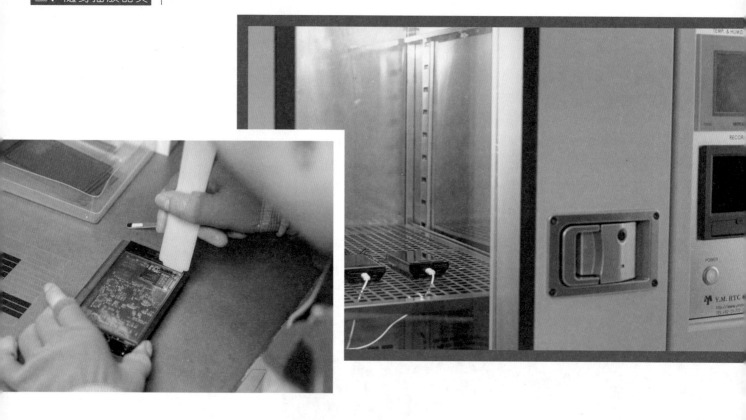

精雕细琢　终成大器

KANN 便携 Hi-Fi 播放器

随着便携 Hi-Fi 播放器高速发展，一批批精品不断涌入市场，一个个怀揣梦想的品牌不断挑战着设计和工艺的极限！

今天，笔者将为大家揭开一个全新品牌——KANN，并通过一组完整的纪录片呈现便携 Hi-Fi 播放器如何从梦想变为现实……

设计为先，令经典重现

KANN 的设计师不仅有宏观的视野，更颇具理想主义色彩！KANN 背部造型灵感来源于经典的罗马多立克柱式（Doric Order），设计师力图通过线条和凹槽的组合，重现公元前 5 世纪的建筑艺术经典，而平面凹槽纹理粗犷、斜面凹槽纹理细密的组合，在展现古希腊艺术美感的同时，

兼顾消费者所注重的用户体验。此外，作为便携 Hi-Fi 播放器标准配置的音量轮同样采用罗马柱设计，并隐藏于机身侧面，使操作便利，提升使用乐趣。

当然，设计师也要感谢科技和工艺的完善！得益于 CNC 加工技术的进步以及阳极氧化着色工艺的成熟，全铝打造的一体化机身外壳在历经了几十小时的打磨后，不仅完美展现了设计师的原始想法，更实现了出色的握持手感以及相当惊艳的色彩表现。

配置至上，呈现一机多能

完美设计与先进工艺赋予了 KANN 播放器优美的外形，而强大的系统配置则使其拥有绝对强劲的

性能！

KANN 采用当下主流且成熟的 AK4490+XMOS 组合，加上 AsahiKASEI 出品的 AK4490，即炙手可热的顶级 DAC 解码芯片，简直如虎添翼。指标方面，KANN 不仅可以实现 32bit/384kHz PCM 无损音乐文件的解码播放，还可以实现 DSD256 立体声音响硬件直接解码播放。

此外，秉承 All-In-One 的设计理念，KANN 还创新性地内置了 AMP 模块，这使其拥有了最高 7V 的输出电平，不仅能驱动各级耳塞成为出行首选，更可以实现对一些大型耳罩式耳机的驱动，扩展便携 Hi-Fi 播放器的使用范畴。至于顶级玩家所关注的扩展输出以及多元连接需求，KANN 的设计师也早有准备，Line

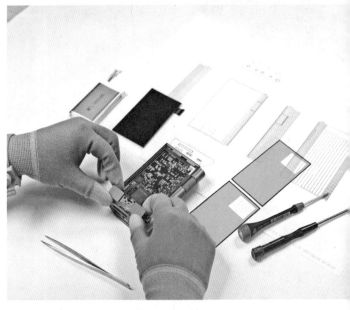

Out、USB Audio、蓝牙、Wi-Fi……
一应俱全。

总结

　　笔者通过这组纪录片向读者呈现
一个怀揣梦想的品牌设计团队如何坚
持理想，塑造他们心中完美的产品。

　　相信这款经历了漫长研发、精工
细作的便携 Hi-Fi 播放器可以成为精
品，并继续推动整个便携 Hi-Fi 行业
发展。

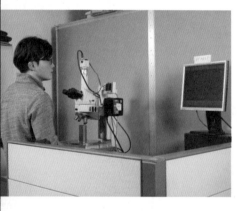

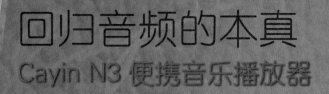

回归音频的本真
Cayin N3 便携音乐播放器

● CPU：君正 X1000
● 电池：内置锂电池
● 续航时间：息屏状态维持约 12h
● 外接扩展卡：支持外接扩展卡，最大支持 TF 卡 256GB
● 接口：C-Type 接口
● 屏幕尺寸：民间幕对角线约 6.1cm
● 支持音频格式：MP3、WMA、WAV、OGG、APE、AAC、FLAC、DSF、DSDIFF、DSD iso、ALAC、AIF/AIFF
● 外形设计：航空铝材 + 背面塑胶 + 皮纹
● 尺寸：100mm×54mm×13mm
● 质量：约 100g
● 耳机阻抗建议值：16~200Ω
● 增益三挡补偿方式：高、中、低
● S/PDIF 输出：DoP 和 D2P
● 输出功能：DoP 最高支持 DSD64，PCM 最高支持 24bit/192kHz

统胆机大厂斯巴克2014年进军便携音乐播放器市场，当年首款产品N6上市曾引起一时轰动。N6的诞生，是基于斯巴克耕耘于数码音源器材十多年的经验累积而来的。当年，N6超强的解码及耳放芯片方案在现在看来依然强悍，双PCM1792DAC、5颗晶体振荡器、13颗运放、双声道独立平衡线路，采用BTL电路模拟信号单端放大的架构，可以说完全是用台式Hi-Fi的理念来制作随身播放器，把这些东西浓缩到一台随身听里，够疯狂了吧？客观地讲，先抛开外观不谈，N6的综合素质在当年的"国砖"行列中是不折不扣的技术派，为斯巴克赢得极高的市场关注度。后来呢？当N5面市时，其凭借依然强劲的架构加上高性价比的产品定位，瞬间成为随身音响市场的明星。

然而后来斯巴克发布的i5，由于运行的安卓系统没有进行深度优化，运行起来流畅度和现在的智能手机产生较大的落差感，并且系统运行还占用了音频架构的资源，声音表现在几款当红的音乐手机面前并不占优势，因此市场反馈并不算成功。痛定思痛后，斯巴克改变策略，推出了现在我们试听的这款入门级产品Cayin N3。

在设计理念上，N3不再运行安卓系统，因此能够将设计的侧重点和大部分成本回归到音频架构上来。虽然N3定位为入门级别，但机身依然采用了航空级铝合金材质，表面做细腻的哑光磨砂工艺处理。由于要兼顾无线连接不能全金属屏蔽，因此其背盖采用了皮革覆盖的塑料材质，营造出一种低调而复古的质感。N3除支持最大256GB的TF卡，还具有优化设计的4.0版本蓝牙Apt-X无损传输，采用CSR8811蓝牙IC芯片，因

此N3既是一台无损音乐播放器，又是一台无线蓝牙解码器。

接口方面，Cayin N3提供了一个3.5mm的耳机/线路输出共用接口、一个TF卡槽和一个C-Type充电接口。续航上，三小时左右的充电时间可以带给N3息屏播放状态下连续12小时左右的音乐播放时间，以如此小巧体形能够实现正常使用3~4小时的续航能力还是相当不错的。N3的机身两侧设计了播放、选曲和音量等控制按键，前面板显示屏下也设计了触摸式多功能键和中间的轻触式按键，因此能满足多种使用习惯。N3的设置功能里可找到DSD增益、均衡器、数字滤波、开机音量自定义等音频相关的功能，还有记忆播放、无缝播放等习惯使用设定。

Cayin没有重点宣传N3的音频性能，因此评论以主观听感为本。首先要考察的当然是N3的驱动力了，搭配KEF M100入耳式耳机、德生"草根耳机"，N3驱动这些低阻抗耳机都显得很轻松，大音压下的控制力和音质厚实感依然保持得不错。换上经典的300Ω阻抗森海塞尔HD600耳机，N3的驱动力明显受到严峻考验，尤其是在聆听大部头交响乐，或者是大动态敲击乐时，音质明显偏软了。这也不能怪N3，毕竟这仅是一款千元级的随身播放器。而换上拜亚动力DT1350特斯拉单元耳机，这副阻抗仅32Ω的耳机在N3的驱动下发挥得有板有眼，可见N3驱动低阻抗耳机是没有问题的，而难推的高阻抗耳机仍然不是便携产品所能轻松驾驭的。

转而考察N3的音质表现，驱动HD600不但绵软乏力，分析力和清晰度都不算理想。但换上DT1350和"草根耳机"却是另一个世界了，中、高频的音质密度感和分析力都令人对千元机刮目相看，尤其聆听钢琴和铜管乐，那铿锵的光泽感与线条感都丝毫不比更高档次的i5差，甚至在大动

态的乐章，N3 的力度还来得更足一些。然而，N3 的低频却显得内敛不少。很显然，N3 不适合播放音质丰厚的类型。较为明亮直率的音色倒是符合斯巴克一直以来给人的印象。能够把廉价的随身听音质也做得和台式音响一种风格，斯巴克的设计师也是相当有实力的。N3 的这种声音风格倒不是坏事，适合的音乐类型广，不会像那些偏软的器材那样，要爆发时总少了点劲度；不会像甜润型器材那样，听什么都黏黏糊糊的。N3 的声音不会给你一瞬间的惊艳，但聆听的

音乐越多、类型越广泛，就越能体会到其不偏不倚的性格是多么的讨喜了。

另一方面，有些播放器在播放不同码率文件时，会有不小的声音差异，比如相同一段录音、不同码率的版本，声音素质是泾渭分明的，但 N3 在大部分时间里能拉平这种差异。这里的拉平并不是衰减高码率的效果，而是努力提升低码率的重播音质。

总结

N3 的声音达到怎样的水平？总

体而言，以重播真正 24bit/192kHz 高清规格文件为参考，N3 的整体表现已经超越了身价贵 2~3 倍的音乐手机了。尤其是背景底噪和音质清晰度方面，N3 都显示出了 Hi-Fi 大厂的功力，以及专业音乐播放器的优势。N3 的这种良好印象，已经能够满足大部分人对随身播放器的期待了。对于追求功能全面、便携性强和音频解码强的玩家，N3 不失为一个可玩性较强的千元级播放器产品。

高颜值、好音质

山灵 M2s 无损 Hi-Fi 播放器

我曾购入山灵 M1 给家人使用，M1 小巧精致的外观、便捷友好的操控，加上出乎意料的好音质，重新定义了入门级随身听的高度。

但是，当我看到山灵发布的 M2s 时，看着样机和技术规格表，我的纠结症又犯了，每一项都比 M1 提升不止一个台阶啊！尤其收到厂方送来评测的样机，反复试听对比后，我更开始后悔为什么这么早买 M1 了。M2s 的制造工艺环顾同级产品几乎无对手，声音表现令人满意的同时，售价并不贵。或许读者会问我：之前评测的 Cayin N3 呢？N3 是传统 Hi-Fi 大厂第一款千元机，它们之间的对比也是很多同行热议的话题，我认为两款产品的声音水准是在一个层面上的，只是风格有差异而已，N3 高频略暗、中频较突出且带着一种很舒服的暖味，我觉得对比之前运行安卓系统的

i5 要好不少。而 M2s 呢？音色是另一种倾向。但外观用料、工艺水平与操控等方面，N3 都被 M2s 拉开了差距，山灵这次真叫人又爱又恨。

颜值加分

相比山灵以往的产品，或者我手上的 M1，M2s 的外观设计和制造工艺上了一个不小的台阶，CNC 加工制作的全金属一体成型弧形机身外框，配合双面 2.5D 玻璃，拿在手上温润扎实，我甚至感觉 M2s 丝毫不比很多手机逊色。虽然质量仅有 100g，但由于机身只比 M1 长一点，比 N3 短一截，因此颇有手感。在操控方面，M2s 把 M1 位于右上角的多功能拨轮按键改到了机身右侧 1/3 处，以转轮加按入的方式操作，在顺手度上相比 M1 多了适应的过程，但也比 N3 的触摸面板加中央按键好用太多了。M2s 采用日本进口 ALPS 旋钮按

键，表面精美的钻石凹凸纹理方便操作，按键寿命 50 万次，旋转寿命 10 万次，我相信一款随身播放器的生命周期内，根本无须为旋钮按键的寿命担心。

当 M2s 的 Retina 显示屏（屏幕对角线约 7.6cm）亮起的时候，那 800 像素 × 480 像素的分辨率，310dot/inch 精度完全碾压 M1 和 N3，所有的操控界面和唱片封面都以高清晰度显示，色彩细腻通透感和高端手机没有区别。自有的 UI 系统和 M1 一样，界面有点复杂却符合使用逻辑，假如字号能够大点那就更好了，原厂 UI 拥有四种主题和 77 种歌曲分类，满足玩家个性化使用习惯。机身颜色则提供宝石蓝、绅士黑、最新加入的火热的红色三种选择。千元机中能把这些硬件和用户体验做到如此高度的，目前唯有 M2s 了吧。M2s 机身底部提供 USB C-Type 数据口、

Lo/Po 二合一的耳机口，在机内选择输出模式，内置 1800mAh 锂电池，提供不小于 9h 的息屏续航时间。机身的左侧配备了一个 MicroSD 卡槽，最大可内置 256GB 容量 TF 卡。

山灵对 M2s 机内主要芯片进行了封装屏蔽，优化电源电路设计，保持大推力的同时降低底噪。使用高灵敏度、低阻抗动铁单元耳机（经测试，灵敏度 ≥ 115dB，阻抗 ≤ 10Ω）的玩家，可联系官方售后寄回，对机内屏蔽做进一步处理，直至底噪不可闻。M2s 支持双向蓝牙 4.0 传输 Apt-X 协议，可作为音源连接蓝牙耳机、蓝牙音响、车载蓝牙等，成为无线音乐中心，同时可以作为蓝牙解码耳放，连接手机音乐 App 畅听海量曲库。USB C-Type 数据口还支持更实用的 USB DAC 功能，可连接手机或者电脑作为外置声卡使用，提供解码功能。

强大的芯片性能

在芯片配置硬件性能上，M2s 采用的 DAC 是和 Cayin N3 一致的日本 AKM AK4490EQ，支持硬解 DSD256、32bit/768kHzPCM，同时支持 WAV、FLAC、APE、WMA、M4A、AIFF、AAC、ISO、DFF、DSF 等多种无损音频格式。虽然底子相当，但两款设备声音风格的低通滤波和耳放芯片组合不一样，M2s 采用日本 JRC 的 MUSE8920 运放作低通滤波，耳放芯片则为 TPA6120，相比 M1 的 AK4452+MAX97220 组合有了质的飞跃。技术上 AK4452 已经能够支持最高 32bit/384kHz 的规格，能够硬解 DSD128（5.6MHz），而 AK4490EQ 则能够支持最高 32bit/768kHz 及 DSD256（11.2MHz）规格的解码。在性能上，M2s 完全能够满足时下流行的音频文件规格。然而在现时手机也以高音频规格为宣传卖点的时候，随身播放器另一个"大杀器"是耳机的驱动能力，M2s 的耳放输出

达到了 130mW/32Ω，哪怕是驱动 300Ω 的负载，依然有 12mW 的输出，相比 M1 的 35mW/32Ω 有质的提升。老实讲，我使用 KEF M100 和 FOCAL Sphear 耳机搭配 M1，觉得驱动力没有任何问题，即使聆听大部头交响乐也没有出现驱动力不足的情况。

音效很 Hi-Fi

前面说了 M2s 的声音风格和 Cayin N3 不同，具体而言，M2s 声音都比 M1 提升一个档次，但风格是一样的；M2s 音色直白、中低频更绵密丰厚，分析力不算太高，但音场规模感都非常好。M2s 由于驱动力强，低频更饱满丰厚，因此音乐形态更稳健从容，听钢琴有更佳的琴腔共鸣感，显得琴也大了一级，大提琴更丰盈摇曳，鼓声、贝斯声更庞大有力，音乐的节奏也因此更显抑扬顿挫，重拍时更铿锵有力，弱音时线条感和细节依然不错。相比较而言，M2s 声音更有活力、更全面些，而 N3 更柔美深沉些，用 N3 听人声和弦乐会令人产生恬静的舒适感。如果用汽车来比喻，感觉 N3 就如同日系豪华品牌雷克萨斯那样的沉稳，一切淡定从容；而 M2s 就如同底盘更有韧性、动力

更有冲劲的宝马，满足你满满操控欲。那么 M1 呢？宽松柔和、细腻甜美，音乐氛围很轻松，但遇到本身比较尖锐硬朗的录音会把缺点展现出来，爆发到极限的情况下，M1 的后劲谈不上充裕，仅是够用的水平，幸好还不至于崩溃，因此用 M1 得选择比较好的录音。

M2s 的驱动力当然不止能应对上述两副入门级耳机。换上 HIFIMAN Edition X V2 够考验的吧！这副号称"直推之王"的耳机阻抗才 25Ω，灵敏度 103dB，M2s 轻松驱动无压力，音场宽大而不空虚，音质添上丝丝的贵气，平衡度没有丝毫问题。那么换上 HIFIMAN HE560 呢？阻抗 50Ω 不算高，但灵敏度低至 90dB，对 M2s 是不小的考验。此刻的 M2s 频响两端的量感稍有收敛，音质比驱动 Edition X V2 时软了一些，在重播大部头交响乐全力齐奏时，之前提到的动态起伏也略有压缩，但层次感和线条感都没有模糊、粗糙的情况。对千元身价的随身播放器，我们还想要求能够达到万元级产品的水准吗？现实点吧，M2s 的声音比我听过的手机都要好很多，包括以音乐播放为卖点的小米 Note、vivo X6A、魅族 Pro6，还有 iPhone、三星 S7 等手机，无论音质密度和驱动力、音场和动态，M2s 都强了不是一丝半点。

纠结了很久，家人说 M1 的音质和驱动力搭配日常用的 FOCAL Sphear 已经很满意了，我有什么理由抱怨 M2s 呢？

给你焕然一新的音乐世界

FiiO X7 Mark II 便携式高清无损音乐播放器

随着数字技术的不断发展，便携式音乐播放器联网可以聆听线上音乐文件，浏览网页以及摄影，甚至可以接收地面卫星信号收看卫星电视节目，并通过播放器的彩色 LCD 显示屏幕进行显示。除了多媒体播放基本功能外，便携式音乐播放器还加入无线蓝牙传输、NFC 等连接功能，以便发烧玩家连接外置蓝牙音响设备。

一家自主研发及生产无损音乐播放器等多种便携式音频产品的品牌公司——飞傲，在 2015 年曾推出了一款旗舰级"安卓智能母带级无损音乐播放器"。追求声音中性，还原自然真实的调音风格是飞傲 X 系列音频播放器的一大特点。飞傲在 2017 年推出全新旗舰音乐播放器——X7 Mark II，新一代的 X7 Mark II 在第一代 X7 的基础上做了重大升级，从而让发烧玩家感觉到由内而外焕然一新。X7 Mark II 作为一款全新的智能高清无损音乐播放器，采用了安卓系统和纯音工作模式。安卓系统使用飞傲软件团队深度定制的安卓5.1 版本系统，经过底层设计优化，可根据个人的不同需求安装第三方应用程序，或者由用户自由选择是否卸载谷歌服务框架下的 App，以便释放更多可用空间。而在纯音模式下，没有其他应用程序干扰，声音回放更为纯净，运行更为流畅。全新 UI 界面由飞傲设计团队定制并进行优化，支持三种主题随时切换。

内部制作工艺采用由 ESS 技术公司出品的 ES9028 系列高端芯片 ES9028 PRO，拥有 8 路独立解码核心，信噪比高达 129dB，总谐波失真加噪声达 −120dB，同时采用非 ASRC（异步采样率转换），使听感上得到有效的提升。主控芯片为瑞芯微公司全球首款四核芯片 RK3188。X7 Mark II 采用 ES9-028 PRO 特有滤波器和失真补偿算法技术，特殊的声音处理增加二次谐波成分，确保回放时更能突出声音的甜美与韵味。为了提升时钟的精准度以及工作的稳定性，X7 Mark II 采用三颗独立有源晶体振荡器，分别负责 DSD44.4kHz、48kHz 以及 384kHz 输出。通过同步匹配来降低抖动，更有利于声音的还原。另外，X7 Mark II 标配平衡与单端双路耳机输出，并采用 AM3A 耳放模块，使用 JFET 精密双通道运算放大器 AD8620 作为耳放模块的前级运放，再搭配专为 X7 Mark II 定制的发烧耳放芯片 OPA926，耳放模块部分为发烧玩家提供可更换式设计，带来丰富的娱乐体验。PCB 线路板七处使用屏蔽罩，而且主控部分和运放部分采用双层屏蔽措施，有效提升可靠性以及抗干扰能力，并保障声音的稳定。机身内置 2GB 内存并配置 64GB 存储空间，可轻松运行多个 App，使整体性能操作更流畅。

X7 Mark II 机身外部为钛色 CNC 铝合金外壳，配备 IPS TFT 触摸式显示屏（屏幕对角线约 10cm）。机身左侧栏设置了一个滚轮式 45° 弦纹音量旋钮、一个播放 / 暂停按键以及一个项目选择按键；而右侧栏则具备双存储卡扩展卡槽，可同时置入两张 256GB MicroSD 卡。机身顶部位置带有一个线路 / 同轴 / 光纤 3.5mm 输出接口以及电源按键，底部位置则带有一个 Micro USB 数据接口以及平衡、单端耳机输出接口。同时，X7 Mark II 针对 Wi-Fi 信号、蓝牙传输、2.4GHz 信号以及手机信号的干扰进行技术性优化，提升产品抗干扰性能。蓝牙传输采用了 4.1 版本以及蓝牙 Apt-X 技术，可实现蓝牙双模信号传输，在发射蓝牙信号的同时可接收蓝牙信号，并且支持双频 Wi-Fi 信号连接，使发烧玩家有更好的音乐畅享体验，也可以感受更快、更稳定的速度。

X7 Mark II 作为新一代的音乐播放器与 X7 第一代音乐播放器相比，各方面都做出了较大的改变，那么，在声音表现方面又有哪些改进？我通过使用不同风格的音乐作品进行试听，试听的音乐文件全部为 FLAC 无损格式。首先，我试听了一段小编制式管弦乐，X7 Mark II 的回放声音，既平衡又自然，乐器间所表现的层次感以及密度感十分清晰细致，没有感觉到半点浑浊不清，也富有一定亮丽的质感。接着试听了一段女声，细腻且略带柔情似水的感觉，显得十分耐听，背景音乐的低频平衡自然，高频位置延伸恰到好处，人声结像以及音乐细节表现力相当出色。然后，试听爵士乐，钢琴轻快的节奏感十分浓郁，带出的质感真实且强烈，乐器的定位表现同样精准，爵士鼓敲击时所发出的声音自然适中，使整首乐曲表现力更富有感染力。

X7 Mark II 便携式高清无损音乐播放器由内而外焕然一新，无论从外观设计、硬件配置、软件系统还是其他方面都做了全面的提升。一款便携式音乐播放器不仅需要对机身体形设计有一定的要求，更重要的是需配有一款性能强大的解码芯片，X7 Mark II 都满足了。现在，X7 Mark II 便携式高清无损音乐播放器可以为你带来焕然一新的听觉体验。

高颜值、好声音

山灵 M3s 便携音乐播放器

- ●屏幕：Retina 高清显示屏（屏幕对角线约 7.6cm）
- ● DSD：支持 DSD256
- ●解码：支持 32bit/384kHz
- ●蓝牙：4.1 支持 Apt-X
- ● D/A 转换芯片：AK4490×2
- ●耳放芯片：AD8397×2
- ●采样率：44.1~384kHz
- ●输出口：单端输出（3.5mm）、平衡输出（2.5mm）
- ●输出功率：130mW/32Ω（3.5mm）
   230mW/32Ω（2.5mm）
- ●频率响应：20Hz~20kHz（-0.15dB）
- ●失真度：0.0015%（A 计权，输出 500mV）
- ●信噪比：≥ 115dB（A 计权）
- ●输出阻抗：≤ 0.3Ω
- ●声道分离度：> 102dB
- ●外置存储：支持 256GB TF 卡
- ● USB 接口：C-Type（USB2.0）
- ●尺寸：113mm×53mm×14.5mm
- ●净重：约 135g

Hi-Res AUDIO

"网红"已经不是新鲜事物。然而近期有一位"网红"却是红透半边天，不但样子长得圆润娇俏，惹人怜爱，声音更是迷倒一片"绿林好汉"。回来吧，我说的是深圳山灵新品 M3s 便携音乐播放器。从2016 年底推出的 M1 开始，山灵带来了新一代便携音乐播放器的设计理念，然而从 2017 年 4 月推出的 M2s 开始，设计再次调整，令整机质感和握持感更圆润顺滑。那么全新的 M3s 呢？除了机身尺寸较 M2s 加长之外，其余设计与制造保持一贯的高水准。

外观上，M3s 除了比 M2s 长了一截，其余的尺寸和设计元素均高度一致。从 M1 的平直边框到 M2s、M3s 的圆弧过渡，结合前后 2.5D 钢化玻璃面板的圆润衔接，加上适中的三维尺寸，M3s 无疑更加符合人体工程学，单手握持感很好。M3s 加工精度和制造工艺保持高水准，机身边框采用铝合金材料并于 CNC 加工中心精密制造。设计上按键旋钮布局充分考虑到单手操控的需要，左侧配有播放 / 暂停与上 / 下选曲按键，右侧配有旋按组合旋钮和返回键，顶部配有电源按键，无论左手还是右手都能实现盲操作。而且所有的按键可通过菜单设置是否可熄屏操作，更是人性化设计的一种体现。

同时，M3s 传承了 M2s 备受好评的 800 像素 ×480 像素的分辨率，300dot/inch 精度，媲美主流手机的显示精度带来极佳的显示效果，唱片封面、信息字符的细节显示令人惊艳。而且玻璃表面以手机级别的特别涂层工艺处理，疏油疏水，减少指纹的浸染。对于音乐播放器而言，要在有限成本内把更多的资源投放到声音重播方面，我觉得不采用触屏操控是一个明智的选择。正如山灵极力营造的人性化实体旋钮按键布局，目的就是更便捷的操作。在很多应用场景中你一定会产生同感，触屏带来的不是便捷，而是麻烦和累赘。

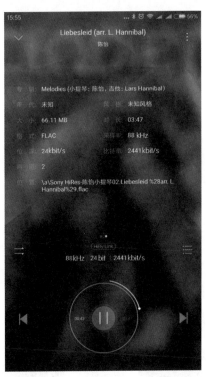

接口方面，M3s 依然采用双向 USB C-Type 接口，连接计算机可作为外置解码耳放使用，而且也具备 USB 数字输出功能，支持 DSD Native/Dop/D2p 输出方式；连接解码耳放可作为数字转盘，比如大热的 Chord Mojo 就是 M3s 的佳配。耳机

插孔上，除了常规的 3.5mm 接口，M3s 比 M2s 增加了 2.5mm 平衡输出，这也是 M3s 升级的外在体现。理论上 2.5mm 平衡接口搭配平衡线材连接的耳机，可带来更广阔的声场和更准确的定位。

山灵从 Hi-Fi 产品起家，同时也是国内很早涉猎 SACD 机的厂家，后来如飞碟版造型的 T100、T300 CD 机成为国内自主音响品牌的标杆，在 Hi-Fi 音响圈内赢得口碑。山灵在数码音频技术方面积累的丰富经验，成就了山灵在开发便携播放器产品时驾轻就熟的调声水准。相比 M2s，M3s 的升级除了加长机身以容纳平衡耳放线路及 DAC 解码线路外，还有真正的全平衡设计。M2s 使用一只 AKM AK4490 DAC 芯片，M3s 则用了两只。M3s 低通滤波芯片依然采用 MUSE8920，同样使用了两只，组成四路 LPF 电路。这么奢侈不计成本的用料带来什么好处呢？当然是解码能力的大幅提升了，M2s 重播 DSD128 可以正常工作，但重播 DSD256 却会变成单声道。请不要小看 DSD256 的码率，足足有 22579 kbit/s（11289600Hz），你知道吗？我曾试过很多台式机和便携的播放器，比如 HIFIMAN HM802S、FiiO X3MK2、艾诗 Mbox、Vibrato NMP 等，DSD256 文件根本无法播放，别说单声道了。我听说索尼的播放器也可以播放，但遗憾至今为止还没有机会验证。而 M3s 升级为两只解码芯片后，DSD256 文件终于可以正常硬解播放了，完全无失真的高音质立体声重播惹得我都有点小兴奋了。

M3s 的运放则改用两只低电压、大电流的 AD8397 运放，组成四路耳放电路，获得真正的全平衡输出。因此，M3s 可提供平衡和非平衡输出，使用平衡输出时可提供更强大的推力，输出功率从单端的 130mW（32Ω、3.5mm）提升到 230mW（32Ω、2.5mm），控制力更强的同时，音场规模感与动态都有更好的表现。AD8397 采用 ADI 公司的高速超快互补双极性高压（XFCB-HV）工艺制造，高带宽和快速压摆率使失真降至最低。AD8397 内置两个电压反馈型运算放大器，能够以出色的线性度驱动高负载。共发射极、轨到轨输出级的输出电压能力优于典型射随输出级，驱动 25Ω 负载时摆幅在任一供电轨的 0.5V 范围以内，压摆率高达 53V/μs。低失真、高输出电流和宽输出动态范围使 AD8397 特别适合高负载上要求大信号摆幅的应用。M3s 采用耳放线路高推力、低底噪设计，主要芯片进行精良的封装屏蔽，优化电源电路设计，信噪比从 M2s 的 108dB 提升到惊人的 115dB，如此出色的设计与用料竟然出现在千元机上，并且获得索尼 Hi-Res Audio 认证，这就是能力的最佳佐证。

除此之外，M3s 的调声手段与用料都贯彻到整机的各个线路部分，比如对音质影响重大的时钟，M3s 采用日本进口 KDS-DSB 系列

H24.5OD727 和 H22.5OD726 两枚晶体振荡器，分别为不同采样率的音源（44.1kHz 与 48kHz 及对应的倍频）提供时钟频率，确保高精度，有效减少相位失真。而 DAC 电源滤波使用四只电气性能出众、低 ESR（等效串联电阻）的松下高分子钽电容。耳放线路电源滤波采用四只松下 FC 音频专用电容、四只松下高分子钽电容，输出保护的继电器采用两只欧姆龙机械式继电器，分别为单端、平衡输出提供电路保护，这种纯物理断合的方式对输出音质无任何影响，相对于很多播放器选用的静音芯片能带来更好的声音表现。

另外，M3s 拥有双向蓝牙 4.1，支持 Apt-X 协议，既可以连接手机，接收蓝牙信号，作为蓝牙解码播放，也可以连接蓝牙音响等设备，作为播放器音源，使用非常方便。M3s 较 M2s 的功能改进还在于新增了全新的 Hiby Link 功能，通过手机等便携智能设备安装海贝音乐 App，就可与 M3s 以蓝牙方式连接，把手机变

身遥控器，以无线控制便携播放器，比如音量控制、封面显示、曲目选择、显示文件格式、资料等。在这种模式下，播放的音乐依然是 M3s 存储卡内的，而非手机以蓝牙传输，因此，M3s 大大提升了操控便捷感。比如把 M3s 以固定线路输出接入音响系统作为音源时，玩家用手机就可以完成远程选曲、音量控制等操作。又比如外带时可把 M3s 收纳于背包内，通过手机就可便捷控制。你还想到了什么应用场景呢？不妨和我们多交流。

M3s 的设置菜单和播放菜单的功能丰富而齐全，比如 USB 数字输出就可设置 DSD Native/DOP/D2P 三种，可作为数字转盘连接解码耳放使用。数字滤波器提供四种选项，EQ 模式主要针对不同的耳机特性和玩家聆听喜好，玩家通过多项调整获得满意的音质。针对不同灵敏度耳机，玩家还可选择高、低两挡增益，比如 UM Mentor V3 耳机虽采用 12 单元设计，但其实并不难驱动，设置到低

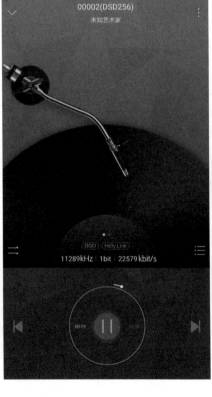

增益，音质更显柔美顺滑；而动圈设计的 HIFIMAN RE2000 却需要设置到高增益，才能获得更动感厚实的音质；而 Sony N3AP 采用圈铁混合设计，其实也不难驱动，但设置高增益才能带来更宽松的音质和开扬的音场感。M3s 加长的机身内置容量更大的电池（2600mAh），提供长达 13h 的续航时间。

聆听 M3s 时，我除了搭配 M2s 外、EchoBox、HIFIMAN HM802s 外，还搭配德生"草根耳机"、FiiO F9 等，也只有 F9 能匹配 2.5mm 平衡线，正好可以看看 M3s 平衡驱动的魅力。搭配"草根耳机"，其实算得上是这次试听过程中性价比最高的一个组合，但开放式的"草根耳机"并不适合外带，因此权当室内聆听的首选。而入耳耳机方面，M3s 搭配 UM Mentor V3 公版和 HIFIMAN RE2000 两款万元级的小塞子耳机声音都非常好。对于我而言，RE2000 的佩戴感更舒适些，UM Mentor V3 公版大了些，虽然声音很好，但戴 20min 左右耳朵就有点受不了。

相比较而言，M3s 驱动 UM Mentor V3 有一种通透、绵密、细腻的音质，聆听女声和弦乐呈现出极为迷人的"毒性"，动铁单元的高分析力和细节表现力等都表现得十分到位，而且多单元多路分频容易出现频响

不平滑的问题也没有，动铁单元常出现的音质冷硬的问题也没有。而在协奏曲的表现上，M3s 驱动 UM Mentor V3 轻松呈现出宽阔的音场感，要知道，我们很难要求入耳耳机呈现音响的音场感，但这套组合的音场头中效应很轻微，耳朵两旁形成的球形音场有扎实的中间结像，可见声音密度感和相位准确性非常好。

而换上 HIFIMAN RE2000，M3s 驱动起来也不吃力，动圈单元高平顺和高密度的音质得以体现。我很喜欢用这套组合重播男声与大部

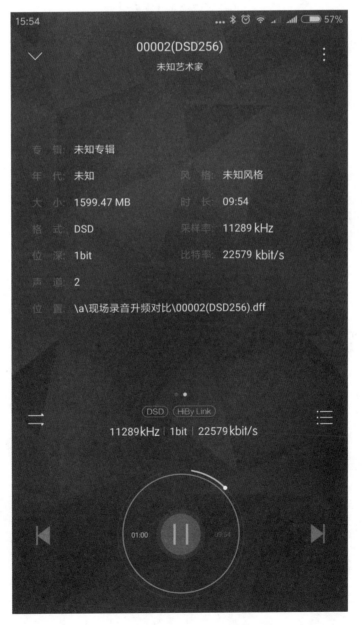

头作品，那澎湃的力量感和低频的丰厚感令音乐形态稳重从容。当然了，HIFIMAN RE2000 的高频延伸和细腻感也是相当出色的，但高频的音质却和动铁单元有显著的区别。动铁的高频是细腻绵密的，而动圈的高频是充满能量和光泽感的。因此，M3s 搭配 HIFIMAN RE2000 重播的萨克斯更具质感和鲜活的空间感；重播的乐团弦乐群奏规模感更有密度，更从容；重播的人声形态更扎实，更大一些。HIFIMAN RE2000 能呈现完整的实体形态，而非 UM Mentor V3 那种针点的定位。

在这些差别中，我们可见山灵 M3s 的自身素质就相当不错，遇到不同的耳机均能很好地呈现耳机的特质。尤其是重播高质量格式文件，比如重播达人艺典的 MQS 高解像度音乐文件、RR 公司的 24bit/176.4kHz HRX 文件，以及从音乐工作室获得的 DSD256 文件，M3s 都能很好地兼容，并且把不同录音本身的特性正确地呈现出来。M3s 之所以能把这些耳机驱动出该有的魅力，关键在于其自身音染低，而且驱动力是够好。在千元机之中，我找不到比山灵 M3s 更值得推荐的便携播放器了。高颜值、好声音，这就是我需要的。

钟情于女声的"小玩物"

FiiO X3 Mark III 便携式高清无损
音乐播放器

在一场主题为"平衡驱动、宽无止境"飞傲 2017 夏季新品发布会上，飞傲一连发布了四款新品，包括耳机、便携式播放器以及解码耳放等。新发布的产品当中有两款为便携式音乐播放器，一款型号为 X7 Mark II 高清无损音乐播放器，前面已经为各位做了详细的介绍，而另一款新品就是本文要为各位介绍的 FiiO X3 Mark III 便携式无损音乐播放器。

第一代 X3 是飞傲便携式音乐播放器的开山之作，也是飞傲回归国内市场的一款标志性产品。对发烧玩家来说，X3 让发烧玩家认识到高品质的播放器也可以制作得精美小巧。当然，对于飞傲来说，X3 更是有着重大意义的一款产品，经过第二代 X3 的成功蜕变，现已发展到第三代 X3。然而，以全新姿态出现在我们前的这款 X3 Mark III 为各发烧玩家带来哪些崭新体验呢？

相对于第二代 X3，全新的 X3 Mark III 在其外观设计以及硬件等方面都做了全面升级。在芯片配置方面，X3 采用了独立式双 DAC 解码芯片、LPF 低通滤波器以及耳放电路的专业架构设计。模拟信号部分以及数字信号部分通过两块独立式的 PCB（电路板）分开设计，降低干扰。而无线蓝牙信号部分同样采用独立式的 PCB 进行信号传送，这种设计风格可以极大地提高设备整体的抗干扰能力以及最大限度保障无线信号接收效果。与此同时，为了使信噪比得到更大的改善，也让声音在回放时更纯粹、更精致细腻，所搭载的双 DAC 解码芯片采用由全球领先地位的半导体技术公司 Texas III Instruments（德

州仪器）制造的 PCM5242，至此，X3 Mark III 不仅具备了高性能，也可以让高品质的声音如影随形。另外，X3 Mark III 搭载了两只来自德州仪器的低通滤波芯片 OPA2140 以及耳放芯片 OPA1622。

从 X3 Mark III 的外观看，飞傲的确在产品设计风格上做了相当大的转变，最引人注意的是中心的那一块大圆圈，这是基于机械式转盘升级为灵敏度更高、抗干扰性更好的触摸式转盘，让玩家可以体验到更舒适、更流畅的手感操作。其实，这也是飞傲设计出的一种经典玩法，同样沿续了飞傲 X 系列播放器产品经典、独特的设计风格。

在无线蓝牙信号传送方面，X3 Mark III 内部搭载了一款带有蓝牙 4.1 系统与 EDR 双模块的 CSR8811 芯片组，具有低延时的特点。这种具有蓝牙双模块传输功能的芯片组，可在发射蓝牙信号的同时实现接收蓝牙信号，也就是说，可以同时支持连接蓝牙控制器以及蓝牙耳机。我们只需要搭配一款飞傲 RM1 蓝牙遥控器以及个人蓝牙耳机产品，即可组成一套便捷、好用的随身听系统，给你高品质的音乐享受增添无穷乐趣。

与上一代 X3 相比，X3 Mark III 在质量上轻了不少，其机身背面以及侧面均使用了铝合金材质，前面板采用钢化玻璃面板以及彩色 LCD 显示屏（屏幕对角线约 5.9cm），在机身在侧位置配置一个以"飞傲红"为设计元素的电源按键、一个功能选择按键以及一个可实现播放控制、均衡器切换、列表跳转、主题切换等多功能按键。另外，X3 Mark III 还提供了外置 MicroSD/TF 存储卡卡槽，支持

大容量存储功能，容量高达 256GB；同时支持多种常见的 WAV、APE、WMA、FLAC、ALAC、DSF、DFF 等音乐文件格式，采样率支持最高 32bit/192kHz。机身底部同时配置了 3.5mm 单端输出接口以及 2.5mm 平衡输出接口，两种接口之间由 USB 接口分隔。

至于声音表现力如何？我试听由德国 Phono 唱片公司所推出的试音专辑《Bass Power》APE 无损播放格式版本，呈现的爵士鼓敲打节奏清晰且明快，电子合成乐器低音域动态相当充沛，特别是在低音大提琴的琴弦拉奏以及拨弦的那一刻，那种浑厚的力度表现得相当刺激，味道十足。电贝斯所产生的冲击力道也十分充足，定音鼓以及大鼓的不断擂击声层次感鲜明，乐器间的细节表现力丰富；同时，也具有一定的下潜深度，可以说低音域极具震撼力，让人不自觉地乐在其中。再重播一首梁静茹的《亲亲》，在 2.5mm 平衡输出接口下，钢琴以及电吉他声呈现出相当清澈的乐器质感。随后，梁静茹的声音表现得柔美细腻，声音凝聚力表现相当集中，轮廓鲜明，高音域部分展现出的延伸性恰到好处，更带有一定的润泽度。

总结

FiiO X3 Mark III 便携式高清无损播放器是一款通过 Hi-Res Audio（高解析音频）认证的播放器产品，其声音表现力自然、耐听。在试听了 X3 Mark III 后，笔者感觉其更偏向于演绎女声方面，可以把女声的细微之处清晰再现。对于喜爱女声演绎的随身听玩家来说，X3 Mark III 是一款值得体验的音乐播放器。

只能装音乐的"小酒壶"
Echobox Explorer X1 高清音频播放器

美国 Echobox 是一家由音乐爱好者所创建的高科技公司，他们知道高品质产品能给人们带来更高层次的感受，并致力于通过产品的力量让 Echobox 做得更好，为音乐、生活而设计产品，并满足更多音乐爱好者的需求。在 2017 年 Hi-Fi 耳机与数字音频展上，我在 Max Digital 展位上有幸偶遇了

Echobox 的一款新品——Explorer X1 音频播放器。第一眼看上去，它的外观造型十分抢眼，外形宛如一个酒壶，机身采用实木以及铝合金材质打造，与传统造型为主的便携式播放器相比有着极具前卫的反差设计风格。在展会现场，我还使用这款 Explorer X1 搭配美国 JH Audio 旗下一款耳机产品进行试听，感觉重放人声部分相

当诱人，十分耐听，有着很好的通透感以及分离度，整体听感温暖、宽松、自然。

这款 Explorer X1 是一款个性十足的便携式高品质音频播放器，设计风格与声音、艺术有关，外形设计展现了优越的人体工程学特点，弯曲造型接近发烧玩家的手形及口袋的形状，便于携带。机身外壳由原木材质

手工精密制作而成，Explorer X1 音频播放器提供了包括桃花心木、枫木、斑纹木以及黑胡桃木四款木纹外饰选择，外表经过细心的抛光和火漆处理，圆弧面雕刻有 Echobox 标识。"酒壶"的开盖位置则是设备开关及音量键，启动或关闭播放器时可以长按开关键3s，直到显示屏幕亮起或熄灭，如果需要调整音量大小，可以顺时针方向转动增加音量，逆时针方向转动减小音量。

Explorer X1 音频播放器可以发挥出如此高品质的声音效果，依赖于搭载由德州仪器公司出品的PCM1792 高性能立体声 DAC 解码芯片，其采样率高达 24bit/192kHz，并支持 PCM 以及 DSD 等格式音频文件。另外，搭载的放大芯片同样来自德州仪器 Hi-Fi 级别的 TPA6120A2，输出功率达 300mW/32Ω，信噪比为128dB，可以匹配大部分高阻抗耳机。CPU 处理器采用瑞芯微电子公司的RK3128 四核芯处理器，主频率高达

1.3GHz。其配置专业级的音频硬件，采用高品质音频播放器设计标准，完全满足发烧玩家对高品质声音的极致追求。Explorer X1 配置了容量高达4000mAh 锂离子电池，提供约 8h 有效续航时间，设备待机时间更长。其自带 64GB 文件内部存储空间，同时，也可以通过 Micro SD 外部存储卡存储个人喜爱的音乐文件，容量扩展最高支持 264GB，让你无论身在何处，仍可感受来自 Echobox Explorer X1音频播放器所释放的音乐魅力。

播放器的底部带有一个外置MicroSD（TF）卡插槽以及一个 USB充电插孔，而在顶部则是两个 3.5mm音频信号输出插孔：一个为耳机输出，另一个为光纤输出，开关及音量调节键位于两个插孔之间。机身配置一块具有触摸操控的 LCD 液晶显示屏（屏幕对角线 8.89cm），搭载智能移动操作系统 Android 6.0，友好的操作界面使玩家可以根据个人的不同需求安装及运行第三方应用程序，也可以设置自定义的用户界面，是十分理想的人性化表现。在功能上，Explorer X1 播放器不仅支持应用 Wi-Fi 无线网络信号来欣赏线上音乐，还设置无线蓝牙信号传送功能，为发烧玩家提供更多元的互联方式聆听本地音乐，使个人娱乐体验更为丰富。

重播奥地利作曲家 Franz Von Suppe 的《Light Cavalry》APE 无损音乐格式，作品一开始时以铜管乐器小号以及圆号奏出主题，号角的音调如此高亢嘹亮，随着长号以合奏的形式奏出与主题相呼应的旋律，营造出一种浓厚的军营气氛，仿若一支英姿飒爽、精神抖擞的轻骑兵队伍出现在眼前。此时，小提琴以明快的瞬态表现以及富有跳跃式的旋律正式登场，再以小号为主带出进行曲式的主题，由强到弱、由弱到强的过程。其低音

域呈现出的动态表现力中性，声音密度充足，定音鼓发出的鼓声质感强烈，乐曲中潜伏的细节跃然眼前，在众乐器齐奏时，充足的声音密度感更使整首乐曲富有兴趣盎然的意境。当试听日本女歌手宇多田光的《First love》时，Explorer X1 呈现出带有一定质感的钢琴伴奏，背景声中木吉他伴奏的细节也毫无保留地清晰展现，中音域处的人声表现魅力十足，声底温暖厚实且干净，没有那种蒙混不清的感觉，人声的轮廓表现相当清楚，体现出整首乐曲的丰富情感。另外，中性的低音域力度表现也十分饱满，没有过分浓厚夸张的成分，并带有很好的弹性表现力。

总结

Echobox Explorer X1 高清音频播放器致力于提供极致的声音艺术，通过使用专业级的音频硬件重现逼真的现场感，并揭示复杂的细节表现，让发烧玩家可以聆听到个人最喜爱的音乐，并感受其中的音乐魅力。